NOTICE ET EXTRAITS

DES

MANUSCRITS DE LA BIBLIOTHÈQUE DE SAINT-OMER,

Nᵒˢ 115 ET 710.

NOTICE ET EXTRAITS

CATALOGUE DE LA BIBLIOTHÈQUE DE SAINT-OMER.

NOTICE ET EXTRAITS

DES

MANUSCRITS DE LA BIBLIOTHÈQUE DE SAINT-OMER,

Nos 115 ET 710,

PAR

M. CHARLES FIERVILLE,

DOCTEUR ÈS LETTRES,

CORRESPONDANT DU MINISTÈRE DE L'INSTRUCTION PUBLIQUE, CENSEUR DU LYCÉE DE VERSAILLES.

EXTRAIT DES NOTICES ET EXTRAITS DES MANUSCRITS,

TOME XXXI, 1ʳᵉ PARTIE.

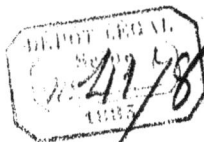

PARIS.

IMPRIMERIE NATIONALE.

M DCCC LXXXIII.

NOTICE DES MANUSCRITS

DE

EXTRAIT DES NOTICES ET EXTRAITS DES MANUSCRITS.

IMPRIMERIE NATIONALE.

NOTICE ET EXTRAITS

DES

MANUSCRITS DE LA BIBLIOTHÈQUE DE SAINT-OMER,

Nᵒˢ 115 ET 710.

—◦✦◦—

I. — MANUSCRIT N° 115 [1].

Le manuscrit qui porte aujourd'hui le nᵒ 115 à la bibliothèque de Saint-Omer a déjà attiré plus d'une fois l'attention des savants. En 1849, MM. Cousin, Ch. Jourdain et Despois en ont extrait les *Sententiæ magistri Petri Abailardi* [2]; en 1861, il a été sommairement décrit par M. Michelant dans le Catalogue des manuscrits de Saint-Omer, préparé dès 1845 [3], et M. Hauréau a eu souvent l'occasion de le citer dans ses savantes études sur les poésies du moyen âge. Toutefois il n'a jamais été entièrement étudié, quoiqu'il méritât de l'être. C'est une lacune que j'essaye de combler dans l'intérêt de l'histoire littéraire.

---

[1] Voir, pour le ms. 710, à la p. 98.
[2] *Petri Abailardi Opera*, t. Iᵉʳ, pp. 340-348, in-4°, Parisiis, Durand, 1849.

[3] *Catalogue général des mss. des bibliothèques des départements*, Paris, Imprimerie impériale, in-4°, t. III, pp. 65-67.

Mss. de Saint-Omer.

1

Ce manuscrit (haut. $0^m,337$, larg. $0^m,240$), en parchemin très épais, est couvert en bois revêtu de cuir en mauvais état. Sur les plats se trouvent des traces de clous et de fermoirs. D'après la mutilation de quelques notes marginales, ce ne doit pas être la reliure primitive.

Il se compose actuellement de 116 feuillets; il y en avait 120 (XV quaternions) à l'origine. Il a été écrit, au XIII⁰ siècle, par plusieurs mains, sur deux colonnes. Les dix premiers quaternions ont 37 lignes par colonne, réglées au trait; le onzième en a 38; les douzième, treizième, quatorzième en ont 37, et le quinzième en a 44, ce qui donne un total de plus de 17,000 vers. A la fin de quelques quaternions se trouvent des réclames horizontales, mais d'une façon irrégulière. Les lettres initiales, en rouge, bleu ou vert, simples et sans ornements (sauf la première du quinzième quaternion), ont été faites après coup.

Ce manuscrit, qui est un recueil de vers latins, provient de l'abbaye de Clairmarais, près de Saint-Omer. Comme la plupart des manuscrits de cette origine, il a dû être écrit à l'abbaye même, peut-être à l'époque de la prélature de Robert de Béthune (1257-1266), qui copiait lui-même et faisait copier des livres[1]. Au dernier feuillet, recto, on lit ces mots d'une main du temps : « Liber Sancte Marie de Claromaresch. »

D'après Dom Bertin de Vissery, l'ancien catalogue des manuscrits de l'abbaye de Clairmarais (fin du XIII⁰ ou commencement du XIV⁰ siècle) contenait, entre autres, l'indication d'un livre ainsi rédigée : « *Item* : Evangelium Missus est, rithmice digestum, cum aliis versibus diversarum rerum in uno volumine. » Le livre ainsi indiqué est bien le manuscrit 115 actuel : en effet la première page du premier feuillet

---

[1] Voir le ms. n° 174 de la bibliothèque de Saint-Omer. Dom Bertin de Vissery (mort en 1767) dit de Robert de Béthune : « Scriptioni librorum incumbens. » (*Hist. mss. Claromar.*, t. I, p. 310.) « La plupart de nos mss. proviennent des copies que firent les religieux de ce monastère..... » (*Ibid.*) Voir *Mémoires de la Société des Antiquaires de la Morinie*, t. XI, pp. 249-261.

devait être restée en blanc, pour un titre qui n'a pas été mis, et au verso on lit :

Prefatio in Evangelio Luce Evangeliste
Missus est Gabriel angelus ad Mariam Virginem.

Depuis lors, ce manuscrit est resté à Clairmarais. Le 21 mai 1791, M. de Wanzin de Wirquin, membre du directoire du district de Saint-Omer, mit les scellés sur la bibliothèque et les archives de l'abbaye, et réclama le catalogue des livres et des manuscrits, qui, au n° 24 des manuscrits, portait : « N° 24. *Carmina diversoram autorum, maxime venerabilis Bedæ, Cypriani episcopi de Pascha,* etc. — Caractères nets du XIIᵉ siècle, 2 colonnes, lignes en filet. Lettres initiales en couleurs, sur vélin, petit in-folio, peau, frippé. » Ce titre se retrouve, en caractères du XVIIIᵉ siècle, au haut du fol. 1 rᵒ du manuscrit 115. Au-dessous on lit les vers de saint Cyprien *de Pascha,* qui occupent une partie de la première page, primitivement laissée en blanc. Plus loin, on lit en rubrique : « Incipiunt versus Bede presbiteri de die juditii. » On ne doit pas tenir compte de l'indication fausse : « Caractères nets du XIIᵉ siècle. » Ce catalogue fourmille de pareilles erreurs.

La bibliothèque de Saint-Omer possède donc bien sous le n° 115 le manuscrit dont il s'agit dans les catalogues du XIIIᵉ et du XVIIIᵉ siècle. J'ai pu l'étudier à loisir, grâce à l'obligeance de l'excellent bibliothécaire, M. Malard, pendant un voyage que des raisons de famille m'avaient fait faire à Saint-Omer. Les nombreuses pièces de vers qu'il renferme sont presque toutes anonymes. Cependant, par suite des diverses publications dont la poésie latine du moyen âge a été l'objet, on peut assigner les noms d'auteurs à près de la moitié d'entre elles, et ce sont les plus longues[1]. On trouvera probablement plus tard les auteurs des autres qui forment un total de plus de cinq mille vers.

[1] Pour l'indication des auteurs de ces pièces, je me suis beaucoup servi des notes précieuses que M. Hauréau a bien voulu me transmettre avec une rare bienveillance. Je le prie d'agréer ici l'expression de toute ma reconnaissance.

Hildebert de Tours a fourni un large contingent à l'écrivain de ce recueil; c'est lui qui tient la place la plus considérable. Viennent ensuite, pour l'importance des pièces : Pierre Riga, dont les œuvres sont encore inédites; Bernard de Morlas, Abailard, Marbode, Pierre de Saint-Omer; puis, dans l'ordre du manuscrit, saint Cyprien, Jean de Garlande, Fulbert de Chartres, l'évêque Thibaut, Théodulfe, Serlon, abbé de l'Aumône, Bède, Pierre Comestor, et un autre Serlon.

Je me contente d'indiquer sommairement les pièces qui sont publiées; je fais connaître d'une façon plus étendue celles qui ne sont pas encore connues; enfin je crois devoir transcrire intégralement quelques-unes de ces dernières (dont trois ont une certaine longueur), qui m'ont paru mériter cet honneur à cause des sujets qui y sont traités.

I. *Versus Cypriani martiris de Pascha.* (Fol. 1 r°, 63 vers.) Cette pièce se trouve aussi dans le cod. 581 (VIII° et IX° siècles) de la bibliothèque de Troyes, provenant du collège de l'Oratoire; mais elle y est incomplète.

> *Incipit :* Est locus ex omni medium quem credimus orbe,
> Golgotha Judei patrio cognomine dictus
> . . . .
>
> *Desinit :* Inde iter ad celum per ramos arboris alte,
> Hoc lignum vite cunctis credentibus. Amen.

II. *Epitaphium regis Ludowici.* (Fol. 1 r°; 9 vers.)

> *Incipit :* Parce michi, Domine, qui finis es et sine fine,
> Quem sine principio principiumque scio.
> . . . .

III. *Prefatio in Evangelio Luce evangeliste Missus est Gabriel angelus ad Mariam Virginem.* (Fol. 1 v°; 20 vers.)

Incipit : Scribere pauca libet; jubet hec devotio patrum;
Ardua res prohibet, monet exhortatio fratrum.

. . . .

Desinit : Tu michi lux, michi dux, michi semper adesto benigna,
Et bonitate tua facias me dicere digna.

Missus est angelus Gabriel a Deo. (Fol. 1 v°; 22 vers.)

Incipit : Audio mittentem, missum quoque jussa ferentem,
Quor, quo mittatur legatio, cuive feratur

. . . .

Desinit : Est igitur missus Gabriel, sed quo? videamus.

In civitatem Galylee cui nomen Nazareth. (Fol. 1 v°; 25 vers.)

Incipit : Nazaret hic audis, aliquid de flore requiris,
At semen floris, vel fructum flore requiris.

. . . .

Desinit : Nunc superest ad quem, sed verius eloquar, ad quam?

Ad virginem desponsatam viro. (Fol. 1 v°; 325 vers.)

Incipit : Est venerabile, nec reparabile virginitatis
Nomen, amabile, consociabile, res bonitatis;

. . . .

Cette pièce, qui, sans compter la préface, forme une sorte de tri-
logie (*quor, quo, ad quam?*), est non seulement composée de vers
léonins et rimés en flèche, mais elle renferme des tours de force très
goûtés au moyen âge; ainsi on y trouve dix vers de suite terminés
par *mater*, dix autres terminés par *Maria*, cinq autres terminés par
esse, et d'autres biléonins et rimés, formant un quatrain; les voici :

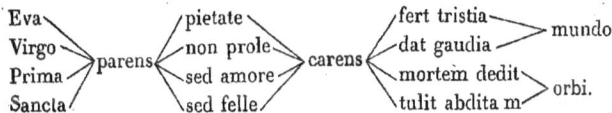

```
Eva ⟍                 ⟋ pietate ⟍                  ⟋ fert tristia ⟍
Virgo ⟍               ⟋ non prole ⟍                ⟋ dat gaudia ⟍  ⟍ mundo
       ⟩ parens ⟨                  ⟩ carens ⟨                      ⟩
Prima ⟋               ⟍ sed amore ⟋               ⟍ mortem dedit ⟍ ⟋ orbi.
Sancta ⟋              ⟍ sed felle ⟋               ⟍ tulit abdita m ⟋
```

A la suite, et faisant corps avec ce qui précède, sont deux petites pièces dans le même genre :

De cognatis Christi. (Fol. 4 r°; 12 vers.)

> *Incipit :* Cognati Xpicti fuerunt, ut dicitur, isti :
> Cui fuit Esmeria Marię mater soror Anna,
> . . . .
>
> *Desinit :* Eximiam sobolem, Jacobum fratremque Johannem.

Item, alio modo. (Fol. 4 r°; 12 vers.)

> *Incipit :* Xpicti cognatos optas si scire beatos,
> Hic manifestantur, his nominibusque vocantur :
> . . . .
>
> *Desinit :* Gignit ab extrema Zebedus Jacobumque Johannem.

IV. *Item alio modo : Missus est angelus Gabriel.* (Fol. 4 r°; 262 vers.) — Cette pièce, en vers léonins, divisée en neuf paragraphes, a été imprimée dans les Œuvres de Marbode (éd. de Beaugendre, col. 1567).

> *Incipit :* Missus ad egregiam Gabriel tulit ista Mariam.

V. Viennent ensuite neuf petites pièces anonymes et sans rubrique, en l'honneur de la Vierge; elles sont en distiques léonins et rimés (fol. 6 r°, 50 vers). Voici le commencement de la première :

> Splendida stella maris, pia dia Maria vocaris;
> Solem sola paris, sub lare parca laris;
> Luce nitens prima superum tua lux levet ima,
> Magna fit ex minima te peramans anima.
> . . . .

VI. Vient ensuite une petite pièce anonyme et sans rubrique, en l'honneur de la Vierge. Elle est en distiques *recurrentes*, genre dont parle Sidoine Apollinaire (*Ep.* VIII, 15), et dont on trouve de curieux exemples dans le manuscrit d'Étienne de Rouen (Bibl. nat., n° 14146, föl. 196 r° et v°), du XIIᵉ siècle. (Fol. 6 v°; 24 vers, plus un hexamètre seul.)

Incipit : Virgo salutifera, fac nos virtute virentes,
Da cor virgineum, virgo salutifera.

. . . .

Desinit : Regia domna poli, populos postponere noli,
Corrige prava soli, regia domna poli.

VII. Quatre petites pièces en distiques léonins (anonymes et sans rubrique) sur des sujets moraux. (Fol. 6 v°; 146 vers.) Voici le premier distique de chacune d'elles :

Debiltas carnis aciem turbat rationis,
Protrahit ad vitium, ducit ad exitium.

. . . .

Hęc caro perpetitur, sed si bene perspiciatur
Quę patitur ratio, militat omnis homo.

. . . .

Ergo doma carnem, quamvis evadere mortem
Presideat ratio, servat ipsa caro.

. . . .

Esto memor Sathanę quis sit, quem te velit esse
Mortis in articulo, suggeret ipse Deo.

. . . .

VIII. Une pièce en hexamètres rimés en flèche, anonyme et sans rubrique, sur la *Fragilité humaine;* elle est écrite dans le même esprit que les précédentes. (Fol. 7 v°; 22 vers.)

Incipit : O caro lubrica, cum tibi cęlica lex sit amara,
Optima gaudia sunt tibi vilia, vilia cara.

. . . .

Desinit : Si mala diligis et bona negligis, hęc patieris;
Nunc igitur geme, nunc venerem preme, nec rapieris.

IX. Une autre pièce en hexamètres rimés en flèche, anonyme et sans rubrique, sur un sujet analogue aux précédents. (Fol. 7 v°; 68 vers.)

Incipit : Orbis amor perit, atque suos terit orbis amantes,
        Et sua gaudia, gaudia tristia, vera putantes.

....

        Splendida corpora, splendida pectora corpus habentur,
        Utque senilia, sic juvenilia busta videntur.

X. Une pièce en hexamètres, anonyme et sans rubrique. Elle est divisée en dix-sept paragraphes. Les §§ 1, 3, 4, 9, 10, 11 sont rimés en flèche; les autres sont en vers léonins. Cette pièce très curieuse se trouve dans un grand nombre de manuscrits; la plupart du temps elle est anonyme; quelquefois elle est attribuée, soit au pape Damase, soit au pape Célestin ou au pape Silvestre Ier, soit à Jean de Garlande, soit à un Frère prêcheur qu'on ne nomme pas, soit enfin à l'archevêque Hincmar. Les mss. 4413 et 7678 de Munich la donnent sous le nom de *Bernard*. Quelques éditeurs du xve siècle ont voulu en faire honneur à saint Bernard, qui n'en est certainement pas l'auteur. Enfin elle a été imprimée en 1610 (et souvent depuis), en tête de l'édition faite à Rostoch, par Eilhard Lubin, du *De contempta mundi* de Bernard de Morlas. (Voir : *Histoire littéraire de la France*, t. XII, pp. 236-243. — *Notices et extraits des mss.* etc., t. XXVII, la notice de M. Hauréau sur Jean de Garlande, et *Journal des savants*, février 1882, notice de M. Hauréau « Sur les poèmes attribués à saint Bernard. ») (Fol. 8 r°; 372 vers.)

Incipit : Carmina nostra tibi portant, Rainalde, salutes.

XI. *De perfectione castitatis.* Au bas de la page, une note rognée (en minuscule renouvelée du xve siècle) laisse encore voir cette phrase : *Versus de perfectione castitatis. Lamfrandus.* On trouve aussi cette pièce dans le ms. 532 (xiiie siècle) de Douai, provenant de l'abbaye d'Anchin. Elle a été imprimée dans les Œuvres de Fulbert de Chartres (Migne, *Patrologie*, t. CXLI, col. 349). (Fol. 10 v°; 21 vers.)

Incipit : Sex gradibus consummatur perfectio casta.

XII. Pièce en distiques, anonyme et sans rubrique; c'est une paraphrase du commencement de la Genèse. Elle a été imprimée dans les Œuvres d'Hildebert de Tours (éd. Beaugendre, col. 1169, où elle compte 202 vers). (Fol. 11 r°; 176 vers.)

Incipit : Omnipotens in principio cęlumque solumque
Fecit; principium filius ejus erat.

. . . .

XIII. Douze pièces intitulées : *De natura leonis; — De aquila; — Natura serpentis; — Natura formice; — Natura vulpis; — Natura cervi; — Natura aranei; — Natura ceti; — De sirenibus; — De homocentauris; — De elephantis; — De turture; — De pantere.* Chacune de ces pièces se divise en deux parties : la première est une description; la seconde, désignée par le mot *figura*, écrit en marge et en rubrique, est une explication allégorique. L'*Histoire littéraire de la France* (t. XI, p. 374) fait observer que ces différents morceaux, réunis sous le titre général de *Phisiologus* et comptant 319 vers, sont non d'Hildebert de Tours, comme on l'avait cru longtemps, mais de l'évêque Thibault, dont le nom se trouve d'ailleurs dans le dernier vers. Le *Phisiologus* a été souvent imprimé. En dehors des mss. de la Bibliothèque nationale, on le trouve dans les mss. 825 et 882 de Douai (XIIe et XIIIe siècles), provenant, l'un de l'abbaye d'Anchin, l'autre de l'abbaye de Marchiennes. (Fol. 12 r°; 280 vers.)

XIV. Cinq petites pièces en hexamètres léonins; les deux premières seulement ont une rubrique : *De paupertate; — De ira.* Les trois autres peuvent être intitulées : *De pace; — De cibi parcitate; De regno cœlorum.* L'avant-dernière, qui a été imprimée, se lit intercalée dans un prétendu poème *De contemptu mundi* qui paraît avoir été faussement attribué à saint Bernard. (Voir *Journal des savants*, mars 1882, 2ᵉ article de M. Hauréau sur « Les poèmes latins attribués à saint Bernard, p. 175.) (Fol. 14 rᵒ; 54 vers.)

Voici le premier vers de chacune d'elles :

a.   Felix paupertas dat opes super ethera sextas.

b.   Ira modum nescit, vix friget, vix requiescit.

c.   Candida pax homines, sed trux decet ira leones.

d.   Non tibi sit ventus¹ dominus, sed vive decenter.

e.   Regnum cælorum requies est plena bonorum.

XV. Trois petites pièces anonymes et sans rubrique. La seconde est en distiques, et se retrouve dans le ms. 239 (xııᵉ siècle) de Valenciennes, provenant de l'abbaye de Saint-Amand. La première est en hexamètres léonins, ainsi que la troisième (qui n'a que deux vers), imprimée dans le *Neues Archiv*, t. II, p. 401, et ailleurs. (Voir *Journal des savants*, mars 1882, 2ᵉ article de M. Hauréau sur « Les poèmes attribués à saint Bernard, » p. 168.) (Fol. 14 vᵒ; 26 vers.)

a.   Respice labentem mundum, fugito fugientem,
Desine festinus; mundum transi peregrinus;
Mundi calcator vacuus transi viator;
Ad patriam sospes veniet qui transit ut hospes.
. . . .

b.. Fili : — Quid, mater? — Deus es? — Sum. — Cur ita pendes?
— Ne genus humanum tendat ad interitum.
. . . .

c.   Roma manus rodit; quas rodere non valet, odit;
Dantes exaudit; non dantibus ostia claudit.

XVI. Une introduction, sans rubrique, à un abrégé de la Bible

¹ *Alias* « venter, » ce qui est la vraie leçon.

(18 vers), qui vient ensuite sous ce titre : *Incipiunt versus de omnibus divinis hystorie libris* (246 vers en distiques). C'est la Bible de Théodulfe, évêque d'Orléans (788-821). Elle se trouve dans un grand nombre de manuscrits, et entre autres dans le numéro 9380, fonds latin de la Bibliothèque nationale (fin du viiie siècle, ou commencement du ixe), provenant de la bibliothèque des de Mesmes. Elle y est écrite en lettres d'or, sur un fond pourpré. C'est d'après ce texte que le P. Sirmond l'a publiée[1] (*Sirmondi Opera varia*, II, 1046 et 1051). La bibliothèque de l'École de médecine de Montpellier en a aussi un exemplaire du ixe siècle dans le n° 306, provenant du fonds de Bouhier. (Fol. 14 v°.)

> In hoc quinque libri retinentur codice Moysis
>
> ....
>
> Quicquid ab hebreo stilus atticus atque latinus
> Sumpsit, in hoc totum codice, lector, habes.
>
> ....

XVII. *De contemptu mundi.* Ce petit poème de 75 vers, tantôt rimés en flèche, tantôt léonins, semble être l'œuvre de Serlon de Wilton, abbé de l'Aumône, l'ami de Walter Mapes et de Gérald de Barri. On le retrouve, sous son nom, dans le ms. n° 53 de Digby; dans le n° 120 des Papiers de Baluze [sous le nom évidemment dénaturé de *Gerlon*], et dans les mss. de la Bibliothèque nationale, n° 11866, fol. 355 (xviie siècle), et n° 11791, fol. 154 (xviie siècle), provenant de Saint-Germain-des-Prés. (Voir *Notice sur un ms. de la reine Christine à la bibliothèque du Vatican*, par M. Hauréau, 1880, p. 237.) (Fol. 16 v°.)

> Quisquis habens mundum cor, vis postponere mundum,
> Omni cautela contra durissima tela,
>
> ....

XVIII. Une série de maximes morales, sans rubrique, en vers

---

[1] Voir *Note sur le Catalogue général des mss. des bibliothèques des départements*, par M. L. Delisle, in-8°, 1873, p. 7.

2.

tantôt léonins, tantôt rimés. On pourrait l'intituler : *De constantia.*
(Fol. 17 r°; 525 vers.)

> *Incipit :* Composite mentis argumentum fore primum
> Estimo constantem fieri, secumque morari.
> Lectio sepe parum prodest mutata librorum
> . . . .

XIX. *De expositione hebraici alphabeti.* Cette pièce anonyme, de
981 vers, tantôt léonins, tantôt rimés, est un traité du sens mystique
des seize lettres de l'alphabet hébreu.

> *Incipit :* Quanquam munitus modica valetudine mentis,
> Scribere presumo super hebraicis elementis,
> Pro modulo sensus faciens id notificatum,
> Quod voces ille portendunt significatum.
> . . . .

(Fol. 21 r°.)

XX. *De Evangelio : Rogabat quidam phariseus; secundum Johannem.*
Ce poème, en vers léonins, quelquefois rimés, se trouve aussi dans
le ms. n° 125 (XIIᵉ siècle) de Valenciennes, provenant de l'abbaye de
Saint-Amand; il y compte 424 vers (dans le nôtre il n'en a que 126).
On l'y attribue à Hildebert de Tours, ainsi que la *Passion de sainte
Agnès* et l'*Histoire de Suzanne* qui se trouvent à la suite. Si cette indi-
cation n'est pas plus exacte pour le premier poème que pour les deux
autres, elle est très fautive, car ces deux derniers font partie du
Floridus aspectus, et sont de Pierre Riga (voir le n° XXX). (Fol. 27 v°.)

> *Incipit :* Invitat dominum Jesum quidam phariseus;
> Intrat tecta Deus; Deus intrat, gaudet hebreus.
> . . . .

XXI. *Versus Petri Remensis. Incipit Vita sancti Eustachii.* (Fol. 28 v°.)
La légende grecque de *Placidas* ou *Placidus*[1], qui de son nom de

---

[1] Cette légende a été reproduite aussi par Jacques de Voragine (1230-1298) dans la *Légende dorée.* Elle se divise en quatre parties qui, comparées au premier texte du ms. 115 de Saint-Omer, peuvent être ainsi déterminées : 1° vers 1-112; — 2° vers 113-212; — 3° vers 213-342; — 4° vers 343-458.

baptême s'appelait *Eustathius* (d'où l'on fit plus tard *Eustachius*), a été très répandue dans les littératures germaniques et romanes. Aussi un savant allemand, M. H. Varnhagen (de Greifswald), s'est-il donné la mission de recueillir toutes les versions ou traductions plus ou moins libres qui en ont été faites. Après avoir rappelé sommairement les remarquables travaux faits par Knust dans la publication des bibliophiles espagnols, *Dos obras didacticas y dos legendas* (Madrid, 1878, p. 107 et suivantes), par Kohler dans la *Revue de philologie romane* (III, 272 et suiv.) et par lui-même dans l'*Anglia* (III, 2ᵉ livraison), il a publié pour la première fois, il y a deux ans, une intéressante version anonyme, en distiques, empruntée au ms. Arundel nᵒ 23 du British Museum (XIVᵉ siècle). Il en signale une autre, en hexamètres, qui se trouve dans le ms. Digby nᵒ 86, et que Stengel avait mentionnée avant lui.

La version que nous donne notre ms. mérite au même titre d'être connue. Le fond est le même que celui de la légende grecque publiée par les Bollandistes et reproduite par la version du ms. Arundel. La forme en est très curieuse. L'auteur a employé le système des hexamètres léonins, mais en suivant une triple méthode. Jusqu'au vers 198, les vers riment deux à deux et la césure du second pied rime avec la dernière syllabe du sixième; à partir du vers 199, il n'y a plus que les rimes des deux dernières syllabes, sauf de place en place où, après le second pied, se trouve une rime différente. Les fautes de prosodie n'y sont pas rares : elles y sont même fréquentes.

La pièce est double (en partie du moins). La première, qui est complète, a 458 vers : c'est le nombre de celle du ms. Arundel, qui ne lui ressemble pas autrement. La seconde est une variante abrégée de la fin de la première, à partir du vers 305 : elle n'a que 100 vers, au lieu de 154.

Quel est le véritable nom de l'auteur ? Trois écrivains du XIIᵉ et du XIIIᵉ siècle sont plus ou moins connus sous le nom de Pierre de Reims.

Le premier, Pierre de Celle ou de la Celle, a été successivement abbé de Moutier-la-Celle, en Champagne, de Saint-Remi de Reims (1162), puis évêque de Chartres (1182-1187). Il nous a laissé des traités *De tabernaculo Moysis,* — *De bona conscientia,* — *In libro Ruth,* — *De puritate animæ,* — *De claustrali disciplina,* — *De panibus,* etc.; — des sermons et des lettres, qui ont été publiés en grande partie dans le tome XIII de la Bibliothèque des Pères, puis par dom Ambroise Janvier (Paris, 1671, in-4°). Mais rien dans ses œuvres n'indique un poète ou un versificateur. Il est d'ailleurs plus particulièrement désigné sous le nom de *Pierre de Celle*[1].

Le second, Pierre de Reims, dominicain, né à Reims, a été évêque d'Agen (1245-1247). Il est très souvent appelé *Pierre de Reims,* mais on le trouve aussi quelquefois indiqué sous le nom de *Pierre le Provincial,* qui lui vient de ce que saint Dominique le fit élire le premier prieur de la province de France dans le chapitre général des Dominicains à Bologne, en 1221. C'était un homme d'action, un organisateur, un prédicateur; il n'avait rien d'un poète. Il ne nous a laissé que des sermons[2]. On lit, il est vrai, dans le catalogue des mss. de la bibliothèque d'Agen : « N° 6. Glose sur la Bible, en vers latins, par Pierre de Reims, évêque d'Agen, et versifiée par Gilles, XIIIe siècle[3]. » Mais c'est une indication fautive; le bibliothécaire, M. Tholin, s'est trompé. L'œuvre dont il s'agit est l'*Aurora* de Pierre Riga. L'erreur ne peut s'expliquer que par la qualification de *Pierre de Reims* donnée souvent à l'auteur du fameux commentaire en vers sur la Bible.

Le troisième est Pierre Riga, d'abord chanoine de Sainte-Marie de Reims, puis chanoine régulier de l'abbaye de Saint-Denis, de la même ville, mort vers 1209. C'est l'auteur de l'*Aurora* et du *Floridus aspectus* que Beaugendre avait faussement attribué à Hildebert de Tours[4].

---

[1] Bibl. de Troyes, ms. 1535.
[2] Bibl. de Douai, ms. 501; *Hist. litt. de la France,* t. XVIII, p. 526.
[3] *Inventaire sommaire des mss. des bibliothèques de France,* par U. Robert, Paris, 1879, p. 1 (communication de M. Tholin, bibliothécaire de la ville d'Agen).
[4] *Hildeberti opera* (éd. Beaugendre), col. 1309-1329.

C'est à lui qu'il faut restituer la Légende de saint Eustache. Pour s'en convaincre, il suffirait d'étudier comparativement la métrique de ce poème avec celle de la première édition de l'*Aurora*, telle qu'on la trouve dans le ms. 370 de la bibliothèque de Saint-Omer, en laissant de côté l'œuvre revue et corrigée par Gilles de Paris. La plus grande partie de l'*Aurora* est en distiques faits avec une grande facilité et remplis de jeux de mots et d'antithèses qui étaient dans le goût du temps. Mais le *Cantique des Cantiques*, les *Treni*, les *Actes des Apôtres* sont en hexamètres présentant la même facture que la Légende de saint Eustache. Ce long poème de plus de 15,000 vers, qui fut si populaire du xiii° au xv° siècle, et dont on trouve encore de si nombreux mss. dans les bibliothèques de Paris et des départements, n'était certainement pas le coup d'essai de l'auteur. Il devait être déjà connu par des œuvres antérieures. Les instances qui, d'après son propre témoignage, lui furent faites pour qu'il écrivît l'*Aurora* ne sont pas de celles que l'on adresse à un homme qui n'a encore rien produit. Il n'était d'ailleurs plus jeune à cette époque, si nous en croyons Gilles de Paris, qui fait toujours allusion à sa vieillesse.

Mais en dehors de cette preuve intrinsèque, il y en a une autre. J'ai retrouvé un second texte de la même légende dans le ms. n° 1136 de l'Arsenal[1], où il fait partie du recueil connu sous le titre, peu modeste d'ailleurs, de *Floridus aspectus*, qui est bien de Pierre Riga. Il y occupe les fol. 40 v° à 49 v°, et précède la *Passio sanctæ Agnetis*, écrite en distiques. Peut-être Pierre Riga avait-il une dévotion spéciale pour saint Eustache et sainte Agnès.

Ce nouveau texte nous fournit non seulement un certain nombre de variantes dans l'intérieur du poème, dont quelques-unes ressemblent à des retouches, mais la seconde partie, qui présente deux versions différentes dans le ms. de Saint-Omer, en offre ici une troisième, qui commence, non plus au vers 305, mais au vers 327, et

---

[1] Ms. du xiii° siècle, composé de 39 feuillets en parchemin, reliure en bois restaurée; hauteur, 0ᵐ,138; largeur, 0ᵐ,086.

.qui renferme 165 vers. De sorte que la première rédaction compte
458 vers, la seconde 404 et la troisième 492. Cette légende aurait-
elle été, comme l'*Aurora*, l'objet d'un remaniement par un Gilles
de Paris quelconque, et pourquoi la seconde partie seule a-t-elle été
modifiée? Cette double question se pose d'elle-même : je ne suis pas
en mesure d'y répondre.

Je crois devoir reproduire ici cette légende, d'après les deux manuscrits qui nous l'ont conservée, mais en prenant comme base le manuscrit de Saint-Omer et en en respectant l'orthographe.

I. *Versus Petri Remensis. Incipit Vita sancti Eustachii*[1].

> Tempore Traiani, studii[2] cultura prophani
> Civis romani[3] sacra spe fraudabat[4] inani.
> Hoc regnante duce, fidei subiecta caduce,
> Non indigna cruce plebs errabat sine luce.
> Hanc sacrando fidem[5] legi subiectus eidem,
> Vir Placidas[6] lapidem sine fraude colebat ibidem.
> Hic uxore datus, gemina fit prole beatus,
> Clara stirpe satus, nondum fonte renatus.
> Sub duce dux factus, exercens militis actus,
> 10 Sepe lucrum nactus : fuit hostis sepe subactus[7].
> Hostibus ille gravis, positis in carcere clavis,
> Pauperibus suavis fuit, et velut anchora navis;
> Pax irascenti[8], medicina salute carenti,
> Spes timide tanti, pius egro, largus egenti,
> Jurgia nulla serens[9], miserorum commoda querens,
> Plurima sancta gerens, sed vanis legibus herens,
> Fratris erat plenus dulcedine, mente serenus :
> Divitis omne genus, hunc omnis amabat egenus[10].

[1] *Passio sancti Eustachii cum sociis suis* (ms. 1136, Arsenal).
[2] *Moris* (*ibid.*).
[3] *Vulgi* (*ibid.*).
[4] *Delusit* (*ibid.*).
[5] *Vir Placidas pridem* (*ibid.*).
[6] *Es, lignam* (*ibid.*).
[7] Ces deux derniers vers sont avant les deux précédents (ms. de l'Arsenal).
[8] *Blandus erat flenti* (*ibid.*).
[9] *Ferens* (ms. de Saint-Omer).
[10] Ces deux derniers vers sont avant les quatre précédents (ms. de l'Arsenal).

Qui tot erat penis[1] datus et tam largus egenis;
20 Non patitur lenis Deus hunc dare semen harenis.
Ne labor arescat Placide, ne vita tepescat,
Sed magis ignescat, sic illum Xpistus inescat :
Spe prede rapitur mens militis; in nemus itur;
Miles eum sequitur suus, errat speque potitur.
Preda ducis servos in spem iubet ire protervos;
Fors[2] offert cervos : spes consulit improba nervos.
Forte locus pavit cervum, quem forma beavit,
Quem decor ornavit, ubi se natura probavit.
Nature digitus in cervi laude politus[3],
30 Hic nichil oblitus, fuit hac in parte peritus.
Hunc oculo tangit Placidas, sequitur, premit, angit,
Ductat[4] equum, frangit obstacula, retia pangit.
Solus fervescit[5], solus post vota liquescit[6];
Cessat, torpescit, stat cetera turba, quiescit.
[*Hunc mora nulla ligat, non sol, non pena fatigat;*
Hoc investigat, ubi gressum bestia figat[7].]
Non est deceptus, non est ducis error ineptus :
Fit labor inceptus, est rupem cervus adeptus.
Prede preda datur, predoni preda paratur :
Bestia venatur hominem, fideïque lucratur.
Vix oculum crebris subduxerat ille latebris,
40 Eius palpebris res est ostensa celebris;
Se declarat ei divini forma trophei,
Crux et imago Dei, radio prelata diei[8].
Quod lex miratur, quod ab ipsa lege vetatur[9],
Res nova monstratur; homini sic bestia fatur :

« Quo properas, quid agis? sic mens tua nescia stragis?
Res non apta plagis, res sum non previa plagis.
Sum peccatorum venator, predo reorum.
Sumque beatorum venatio, preda piorum,

---

[1] *Plenis* (ms. de Saint-Omer).
[2] *Sors* (ms. de l'Arsenal).
[3] *Subtili cote potitus* (*ibid.*).
[4] *Dictat* (mss.).
[5] *Inardescit* (ms. de l'Arsenal).
[6] *Viguescit* (ms. de Saint-Omer).

[7] Ces deux vers ne se trouvent pas dans le ms. de Saint-Omer ; ils sont cependant bien à leur place.
[8] Ces quatre derniers vers sont avant les deux précédents (ms. de l'Arsenal).
[9] *Quia.....necatur* (*ibid.*).

Qui de carnali cultu, de lege reali,
50 De fetore mali te quero sub hoc animali.
Res tua que pavit inopes non litus aravit,
Te non frustravit; pro te me sepe rogavit
Ut fidei signum coleres[1], non fictile lignum :
Illud opus dignum tibi me dedit esse benignum. »
— Mens venatoris, iaculo perfossa timoris,
Ad vocem pecoris trepidat[2], color exulat oris.
Cervus in hec[3] : « Spreto gentili more, quieto
Pectore, quod repeto, vel que sunt dicta, teneto.
Sum rex virtutis, via vite[4], vita salutis,
60 Qui sensum brutis, qui linguas confero mutis,
Sedis divine rex[5], vera salus medicine,
Vita carens fine, mundane nauta carine;
Sub radio stelle, quem protulit aula puelle,
Vas redolens melle, vas purum, vas sine felle,
Quem quasi lege rei livor damnavit Hebrei,
Qui virtute mei cum laude resurgo trophei. »
— Exit in hoc predo : « Quia tu regis omnia credo,
Parco, concedo, subiectus ad omnia cedo. »
— Bestia respondet : « Quia mens tua credere spondet,
70 Se prius emundet, et te baptismus inundet.
Spe fidens alacri, rem matura simulacri,
Cesset opus sacri, te diluat unda lavacri.
Desine perverti[6], sensus sint cordis aperti;
Ad loca deserti post ista memento reverti.
Quid tua passura caro, que sit pena futura,
Quam sit passura gravis hac monstrabo figura. »

Dixerat. Ille redit, et in aurem coniugis edit
Omnia que credit; coniunx ad singula cedit.
Rem non protelant; ad opus virtutis anhelant.
80 Quod famulis celant danti baptisma revelant[7].

---

[1] *Tu.....color es* (ms. de Saint-Omer).
[2] *Pallet* (*ibid.*).
[3] *Hoc* (*ibid.*).
[4] *Vite via* (ms. de l'Arsenal).
[5] *Lux* (ms. de l'Arsenal).
[6] *Incipe querenti* (*ibid.*).
[7] *Revolant* (ms. de Saint-Omer).

Crimine mundantur, baptismi fonte sacrantur;
Nomine mutantur, alio sermone vocantur[1];
Nomina locorum, matris, patris et puerorum
Cedunt, verborum novitate repulsa sacrorum.
Nomina sunt patrum Theospitis Eustachiusque;
Nomina sunt fratrum Theospitus Agapiusque.

Orto sole, duci datur ad loca iussa reduci;
Nox cedit luci, miles subit intima luci.
Per loca que norat, ubi soles umbra minorat,
90   Quod petit implorat, in cervo numen adorat.
Ad Xpisti nutum lex est oblita tributum;
Os cervi mutum fuit hec in verba solutum :
« Ecce Deo gratus, et ab omni sorde reatus
Plene mundatus es, sacro fonte novatus;
Et quia res vanas et opus deforme prophanas,
Dignus es archanas et res cognoscere sacras.
Te non ignores passurum dampna, dolores,
Penas, errores, tormenta, pericla, labores.
Sis tamen invictus, galea virtutis amictus,
100   Inter conflictus et iniquos turbinis ictus.
Si rabies vehemens sit[2], si temptatio demens,
Si fortuna fremens, sis firmus; ero tibi clemens.
Semper mansurum lumen per[3] secla futurum,
Propter opus durum, tibi me promitto daturum,
Nullus ubi finis, ubi flos oritur sine spinis,
Pax viget absque minis, fulget lux absque pruinis;
Ver ubi pubescit, ibi semper humus iuvenescit,
Sol ubi clarescit, ibi finem gloria nescit. »

Dixit : abit numen penetrans celeste cacumen;
110   Irradiat lumen rupis presentis acumen.
Se Deus erexit ad sidera; vir nemus exit.
Omne quod aspexit[4] in coniugis aure retexit.
Dicta Creatoris sequitur res plena stuporis,
Eustachiumque foris impugnat turbo furoris.

---

[1] *Novantur* (ms. de l'Arsenal).
[2] *Si sit* (ms. de Saint-Omer).
[3] *Felix et purum... post* (ms. de l'Arsenal).
[4] *Inspexit* (*ibid.*).

3.

Mors armata vorat, domus eius peste laborat,
Raptor claustra forat : patientia[1] militis orat.
Area fit sterilis, pecus infirmatur ovilis,
Sors[2] viget instabilis : mens proficit inde virilis.
Sustinet hos fluctus patienter ad omnia structus,
120   Sperans, post luctus, eternos tangere fructus.
Dum sic luctatur sors[3], dum sic turbo minatur,
Dum sic pugnatur, dum talibus ille probatur,
Rex post successus redit, ultor ab hoste regressus;
Regis in accessus confert plebs obvia gressus.
Plectris luctantur cythare, canitur, lacrimantur,
Organa letantur, commune festa novantur.
Queri precipitur Placidas : ad militis itur
Tectum; nil agitur : discesserat ille. Reditur.
Rex de re gesta queritur; fit curia mesta;
130   Tota dies festa fuit hoc de milite questa.
Res spernens fragiles, pompas oblitus heriles,
Dans lacrimas humiles, errat cum coniuge miles.
Lapsus de sella fortune, flante procella,
Sub patris ascella, lacrimanti prole gemella,
Spes relevat fletum mulcendo doloris acetum,
Post terrestre fretum littus spondendo quietum.

Exulat ille, datur ratis obvia[4], nauta paratur;
Flat nothus, intratur ratis, equoris unda[5] secatur.
Celo ridente, pelago nil litis habente,
140   Vento pellente, littus tenet anchora dente.
Navita cum speret aliud, naulum petit : heret
Eustachius; meret, quia nil quod solvat haberet.
In nautam mechum vulnus Theospita cecum
Fecerat; hic secum furit, ardet, respuit equum;
Subiacet illecebris ratio sopita tenebris;
Eius vim febris species auget muliebris,
Compar dens ebori, lumen stelle, caro flori,
Lane candori frons, dant alimenta furori.

[1] *Devotio* (ms. de l'Arsenal).
[2] *Fors* (*ibid.*).
[3] *Fors* (*ibid.*).
[4] *Obvia ratis* (ms. de l'Arsenal).
[5] *Unda marina* (*ibid.*).

Hoc decus insigne rapuit sibi nauta maligne,
150 Turpiter, indigne, cogente libidinis igne,
Crimen obumbrante naulo, socioque iuvante,
Militis orante lacrima, preee nil operante.
In ius raptoris it femina, turpis amoris
Expers[1], auctoris memor, haud oblita pudoris.
Orat amor mundus : habuere precamina pondus :
Hic amor immundus nichil egit, amansve secundus.
Omnia salvantis tenor[2] implet vota precantis,
Frustra luctantis affectum cassat[3] amantis.
Tot limis fractus vir, tot mala ferre coactus,
160 Tot penis actus, ad opus deforme coactus,
Errat, scrutatur[4] : occurrunt flumina; statur,
Sese scrutatur mens de pueris quid agatur.
Consulta mente, natat, eius colla tenente
Agapio, flente reliquo, ripaque sedente.
Confidens animo superat loca sordida limo;
Deposito minimo, reditum parat ordine primo.
Hausto clamore minimi, leo ductus amore
Sanguinis, ex more, rugitum protulit ore.
Ductus amore pari, cepit lupus inde minari,
170 Littora rimari, reliqua de parte vagari.

Iste leoninis puer unguibus, ille lupinis
Eripitur, binis datur utraque preda rapinis.
Militis hoc[5] penam cumulat, pede calcat harenam,
Exarat ungue genam, lacrimarum solvit habenam,
Dat mens singultum, movet intus cura tumultum,
Unguis arat cultum, prororat lacrima vultum.
Surdus ad hos gemitus leo, spe predaque potitus,
Ad sua lustra citus dat post vestigia littus.
Obstat predoni pastorum clava leoni;
180 Labitur esca boni clipeo protecta patroni[6].
Spe gaudens ibat lupus, ad deserta redibat,
Per loca transibat ubi rustica turba coibat.

[1] *Immemor* (ms. de l'Arsenal).
[2] *Favor* (*ibid.*).
[3] *Quassat* (ms. de Saint-Omer).
[4] *Testatur* (ms. de l'Arsenal).
[5] *Hic* (*ibid.*).
[6] *Predoni* (ms. de Saint-Omer).

Vis ibi divina predam de fauce lupina[1],
De nece vicina rapit ac presente ruina[2].
Hi qui pascebant pecus, hi qui rura colebant,
In quibus explebant vitam, loca iuncta tenebant.
Servant infantes, vice patris utrumque iuvantes,
Sic instigantes annos properare morantes.

    Quid disponebat Xpisti dulcedo latebat
190 Eustachium[3] : flebat: dolor hec in verba tumebat :
« Ve michi! me[4] miserum spoliavit gloria rerum.
Sum vas austerum, frons est michi plena dierum;
Qui florens mundo sum sepe locutus habundo,
Nunc fleo, nunc fundo lacrimas, nunc pectora tundo.
Turbinis impietas res infestando quietas
Prevalet ad metas senii; mea[5] labitur etas.
Cui fuit equa satis sors[6], nulli prospera gratis?
Conqueror ablatis michi rebus, coniuge, natis. »

    Vox properabat adhuc : infrenat sincopa vocem.
200 Errat, abit Placidas, fortunam questus atrocem.
Queritur hospitium; recipit Dasilus[7] euntem.
Ille locus vidit eius canescere frontem,
Huic emitur sub servitio substantia vite :
Que virtus est rara diu, servit sine lite.
Spes sustentat onus humeris sub pondere pressis;
Seminat in lacrimis ut gaudia sint sua messis.
Vidit quindecies inceptum bruma laborem,
Servavitque suum virtus robusta tenorem.
— Eius sponsa diu serviles passa cathenas,
210 Tristes evasit sub eodem tempore penas.
Predo suus moriens sine labe reliquerat illam :
In sponsum fixam mentis tenet illa pupillam.

    In rem rómanam, que longa pace quievit,
Temporis hoc spatio graviter manus hostica sevit.

---

[1] *Ferina* (ms. de l'Arsenal).   [5] *Mei* (ms. de Saint-Omer).
[2] *Rapina* (ms. de Saint-Omer).   [6] *Fors* (ms. de l'Arsenal).
[3] *Eustachius* (*ibid.*).   [7] *Dalisus* (*ibid.*).
[4] *Ve* (*ibid.*).

Rerum naufragio, nova rex incommoda passus
Consulit, armatur : labor est in principe cassus.
Mente fugam Placide revocat, cui sepe favebat
Bellica laus, cui prospera sors[1] ridere solebat.
Legatos vocans, ait : « En mea curia tristis,
220   Queratur Placidas ut rebus consulat istis.
Vestre pena[2] vie redimetur munere nostro;
Vestros ditabo reditus et rebus et ostro. »
Dixit et ora premit et inaurat munere dictum,
Spe pascens animos, et dans[3] pro corpore victum.
Plurima scrutati, Placidam querendo remotum,
Errant legati : sors audit prospera votum.

    De Placida dubius Dasilum[4] consulit error;
Obviat Eustachius : subit eius pectora terror.
Terram fronte tenens, et ad ethera mente[5] dehiscens,
230   Vocem protulit hanc, voci suspiria miscens :
« O Xpisti pietas, que consulis equa petenti,
Incensum iuste precis accipe, consule flenti.
Leniat, oro, meum Theospita visa dolorem,
Cui mea mens fidei sincerum servat amorem.
Infantes, quorum caro faucibus esca ferinis
Extitit, ostendat[6] qui consulit[7] omnia finis. »

    Finierat; tacuit et freno verba[8] ligavit.
Vox celestis ad hunc dulcedine plena volavit
« Nulla tue mentis radicem gloria mutet,
240   Sub nullo fletu fidei constantia nutet;
Res precibus non surda tuis tua verba sequetur[9],
Votis plena suis rursum tua vita fruetur[10],
Exundans iterum rerum tibi confluet unda,
Et discet prime sors[11] respondere secunda.

---

[1] *Fors* (ms. de l'Arsenal).
[2] *Cura* (*ibid.*).
[3] *Donans* (*ibid.*).
[4] *Dalisum* (*ibid.*).
[5] *Fronte* (ms. de Saint-Omer).
[6] *Ostentet* (*ibid.*).
[7] *Conteret* (ms. de l'Arsenal).
[8] *Verba tacendo* (*ibid.*).
[9] *Sequatur* (ms. de Saint-Omer).
[10] *Fruatur* (*ibid.*).
[11] *Fors* (ms. de l'Arsenal).

Te post hanc vitam merces eterna beabit,
Cum plene iustos purgatrix flamma piabit. »

Flebile cor miseri ducis hec promissa serenant,
Singultusque graves rationis lora refrenant.
Urget opus famulos, peragunt incepta ministri,
250   Presentes oculos fallit persona magistri.
Abscondit Placidam frons[1] pallida, paupera[2] vestis,
Cignea cesaries, precingens[3] tempora restis.
Non tamen illorum labor est penitus sine messe;
Protulit[4] hec Placidas, Placidam mentitus abesse :
« Nostre, vos, domui paucis perstate diebus;
Bis mecum vobis hic occidat, obsecro, Phebus. »
Verbum pondus habet, nec detulit aura loquelam.
Preparat ille cibos ventrisque guleque medelam,
Dumque[5] studet mensis gula semper iniqua voratrix,
260   Ostendit Placidam parens in fronte cicatrix.
In famulos equitis inventio gaudia gignit,
Totus pene locus ad eorum verba retinnit.
Veste virum nitida famulorum cura decorans,
Gaudet de Placida, promissis dona colorans.
Que lesit nimium Fortunam penitet ire;
Cogitur ad radium de nocte lucerna venire.
Qui se[6] perdiderat miles sibi redditur ipsi,
Que nimis ingruerat fugiente doloris eclipsi.
Ad patriam defert gressum, cogente ministro,
270   Rege iubente, refert casu transacta sinistro.
Militis in faciem[7] regalia tympana plaudunt,
Presentemque diem cives in gaudia claudunt.
Princeps festa novat, lyra leniter insonat auri,
Ludit, psallit, ovat plebs frondibus obsita lauri.

---

[1] *Gena* (ms. de l'Arsenal).
[2] *Sordida* (*ibid.*).
[3] *Amplectens* (*ibid.*).
[4] *Exit in* (*ibid.*).
[5] Dumque studet mense, frons saucia, nuda capillis,
Quem modo querebant inventum nunciat illis.

In famulos generat felix inventio plausus,
Et sol enituit longa caligine clausus.

(Ms. de l'Arsenal.)

[6] *Si* (ms. de Saint-Omer).
[7] *Plausum* (ms. de l'Arsenal).

Quicquid ei deerat reparavit iussio regis, ...
Mens tamen eius erat sancte non inscia legis.
Quod prius amisit totum redit ubere pleno :
Huic iterum risit vultu Fortuna sereno.
Sic igitur veniam, nequam[1] Fortuna mereris,
280   Que totum reddens, que[2] te pecasse fateris.
— Hic, ut opus patrie tueatur ab hoste furenti,
Rursus militie prefertur, rege iubenti.
Sed quia multa favet hostili gloria turbe,
Ex varia varios tyrones colligit urbe.
Attulit huc eius pueros dulcedo superna,
Quos vite raptos mens credidit esse paterna.
Nondum certificat fratris presentia fratrem,
Nondum letificat[3] puerorum visio patrem.
Purpureo vultu natura beaverat illos,
290   Elimare studens os, lumina, colla, capillos.
In vultu roseo nichil est quod labe notetur,
Serpens in facie vix se lanugo fatetur.
Singula metitur oculus patris, errat ubique,
Militieque sue frenum commisit utrique.

      In pugnam ruitur: iam virtus hostica marcet,
Hostem Roma suum patrie de finibus arcet.
Prospera sors[4] Placide favet[5], hostica tela domantur.
Ultor ab hoste redit; reditum loca grata morantur.
Miles in hoc castrum declinat limite trito,
300   In quo spirat adhuc Theospita fida marito.
Nescius ille rei, iubet agmina stare suorum,
Divine fidei memor, intrat amena locorum,
Dumque suum sol occasum libraret et ortum,
Sors[6] geminos fratres maternum traxit in hortum.
Acta revolventes, puerilia verba serebant.
Non procul hinc aures materne dicta bibebant.
Maior in has voces ordiri cepit ab imo,
Quod recolit gestum sub vite limite primo :

[1] *Sic, o* (ms. de l'Arsenal).
[2] *Quia* (*ibid.*).
[3] *Certificat* (ms. de Saint-Omer).
[4] *Fors* (ms. de l'Arsenal).
[5] *Snper* (ms. de Saint-Omer).
[6] *Fors* (ms. de l'Arsenal .

« Ecce meum subeunt animum prius acta parentis,
310   Huc inflecto prius interne lumina mentis.
Nomen non recolo [patris], tamen arma gerentem,
Curam militie loro rationis agentem.
Huic coniunx inerat gemino stellata decore,
In specie vultus, in morum clara vigore.
Nascimur inde duo, matris patrisque levamen,
Matris amor, speculum patris, amborum medicamen.
Parvus ego, frater minor annis, tempore, sensu.
Dives uterque parens erat armento, grege, censu.
Risit utrique diu vultu Fortuna[1] iocoso,
320   Que risu didicit hominem fraudare doloso.
Sors[2] quia sit fallax ipsius dona loquuntur;
Aufert quod dederat, res naufragium patiuntur.
Exulat ergo pater cui copia tanta fluebat,
Me, fratrem, matrem, secum tres ille trahebat.
Tenditur ad pelagus spumans, arat equora remus.
Mater abest; me causa latet cur matre caremus.
It pater in lacrimas, animus suspiria profert;
Fit vagus, errat, abit; sors undam fluminis offert;
Trans fluvium collo patrio puer alter inherens
330   Sistitur in reliquos suspiro littore merens.
Patre suum referente pedem, fera turpis hyatu
Predatur puerum qui cedebat michi natu.
Accidit illud idem michi, res incredula dictu:
Altera me rapuit ieiuno belua rictu.
De necis imperio me rustica turba redemit,
Predonique cibum quem dente premebat ademit. »
— Frater in hec alius : « Ut te video meminisse,
Hunc puerum de quo loqueris me credo fuisse.
Belua te peperit michi sepe recolligo dictum
340   A quibus accepi cum victu vestis amictum. »

Hec reddunt fratres de fratrum nomine certos,
Fletibus indulgent, iaciunt in colla lacertos.
Mens materna stupet verbis intenta relatis,
Credit utrumque suum verbis in corde notatis.

[1] *Formosa* (ms. de Saint-Omer). — [2] *Fors* (ms. de l'Arsenal).

Verborum textus ut crederet illa iubebat,
In quibus acta ducis intexta fuisse patebat.
Cuncta notans mulier tangit prece tympana cordis,
Non caret effectu mens eius nescia sordis.
Eustachii castris ad presens terga daturi
350 Infert forte pedem, casus ignara futuri.
Huc oculum misit oculo subiecta vaganti :
Visa ducis facies votum declarat amanti;
Ruga cicatricis que militis acta colorat
Indicat Eustachium quem purpura dives honorat,
Quem foris exercent regalis pondera cure,
Quem favet introrsum vite dulcedo future.
— Signa notans oculis et mente notata revolvens,
Accedit mulier, fauces in verba resolvens :
« Paulisper, precor, huc illabere, dissere mecum,
360 Eustachi; que sum dictura recollige tecum.
Sum tua; tu meus es, nec in istis forsitan erro;
Te michi declarat frons olim saucia ferro:
Tu princeps equitum, tu cervi preda fuisti.
Sum mulier qua te privavit predo marinus,
Cum naulum reddi peteret sibi perfida pinus.
Xpisto teste, caro mea nullam postea novit
Naufragii maculam, servans tibi quod tibi vovit. »

Dixerat. Ille silet: aures stupuere silentis;
370 Auris dicta notat, animus notat ora loquentis.
Certificant animum puerorum signa vagantem.
Sponsa virum, sponsam vir amans cognovit amantem.
Solvitur in lacrimas mens ad suspiria mollis.
Itur in amplexus, inserpunt brachia collis.
Consulit illa virum devota pervigil aure,
Si pueros eius alat huius spiritus ore.
Affectus patrios puerorum mentio mollit,
Dans oculis lacrimas, ex vultu gaudia tollit.
Ex animo pietatis adeps per lumina fluxit,
380 Flevit et ad medium que flendi causa reduxit.
« Est, ait, unde querar de te, sors, nomine clara,
Nigra fide, dives promissis, rebus avara.

4.

Pro pudor! a nostro nunquam ieiuna cruore,
Pleno iuravit sors in mea damna furore!
Pro dolor, illa feras natorum sanguine pavit,
Hunc leo, sed lupus hunc scidit unguibus, ille voravit. »
— Respondere notans his dictis verba duorum,
Mater agit plausus, natorum certa suorum.
Non ultra fluitat dubio mens anxia voto,
390   Certa sue pluris, scrupulo de corde remoto,
Declaransque viro quod inheserat aure notatum,
Utitur aure viri, solvens in verba palatum :
« Ecce duo iuvenes ibi florida detinet herba :
Hi tua pignora sunt: ipsorum consule verba. »

Hoc sermone spei patrie scintilla revixit,
Intentusque preci vultus in sydera fixit.
Iussit ut accedant, tenuit brevis hora vocatos.
Assunt: coguntur casus iterare relatos.
Sermo fraternus rem texuit ordine recto;
400   Credidit ergo pater, scrupulo de mente reiecto;
Effectum voti spes ergo patris adepta
Vertitur in plausum, cum coniuge prole recepta.
Sic meruit veniam sors damnis lucra rependens,
Illuxitque dies post nubila tempora splendens.
Successu felix, tot rerum culmine dives
Victor abit, Romam redit : implent gaudia cives.
Exhilarat Romam rumor post castra refusus :
Excipitur victor, ut Rome postulat usus.
Plebs paulisper adhuc Traiani nubila morte,
410   Contulit occursus ingresso limina porte.
Militis applaudens, princeps Adriane, saluti,
Excipis Eustachium romani lege statuti.
Organa, plectra, lyre victori debita solvunt;
In laudem cives solemnem fila resolvunt;
Plausu festino cumulatur regia sedes,
Vindicat Eustachio tantum decus hostica cedes.

Postquam lux oritur casus visura futuros,
Colligit in templo rex cives sacra daturos.

Advolat in templum plebs : in prece corda calescunt,
420 Stant sacra, plebs orat, cadit hostia, thura liquescunt.
Fumat, sacratur, laniat, thus, victima, lictor[1].
Triste prophanat opus herens in limine victor.
Huc oculum flectens rex intonat ore procaci,
His utens verbis que non sunt consona paci :
« Accedat Placidas; quod plebs colit illud adoret,
Aris infundat sacris thus, numen honoret
Quem Phebi bonitas post tanta pericla remisit,
Ad Phebi nutum cui sors tam prospera risit. »

Ille sub hec : « Non saxa colo, non supplico lignis;
430 Hunc colo cui servit tellus, aer, liquor et ignis,
Qui rerum summam verbi virtute creavit,
Ad fidei radium qui me de morte vocavit. »

Estuat in penam rex telo saucius ire;
Intonat ira nimis; iubet hunc tormenta subire.
Vir, coniunx, iuvenes simul ad tormenta trahuntur,
Sed nichil hic, nichil hec, nichil hi nisi sancta locuntur.
Huc leo directus timet uti sanguine sacro;
His parcendo discedit [leo] gutture macro.
Principis incussit animo res ipsa stuporem;
440 Iram succendit stupor, incitat ira furorem.
Eris stare bovem iubet: eris machina puri
Stat, mentita bovem; sanctos iubet intus aduri.
Paretur: visura malum plebs tecta relinquit.
Impetrat Eustachius orandi tempus et inquit :
« Nostrum, Xρiste, precor, lux terminet ista laborem;
Nostra caro penitus non sentiat ignis ardor[em][2].
Da, peto, si quisquam nostro te nomine psallat,
Quod petit imploret, nec eum spes irrita fallat. »
Dixerat. Ecce sonus hinc perforat auris hiatum :
450 « Vox tua pondus habet, » et fecit ad astra meatum.

Res verbum sequitur. Lux proxima terminat illos;
Non os, non carnem, non ledit flamma capillos.

---

[1] Ce vers doit s'expliquer ainsi : *fumat thus, sacratur victima, laniat lictor.*

[2] Ce vers doit avoir été dénaturé dans la copie.

Que fabricam reseret querit lux tertia clavem.
Advolat urbs: stupet hic ventum spirare suavem.
Se victam, se confusam mens regis abhorret:
Nescia flamma sui nusquam corpora torret.
Corpora clam tumulant qui, sparsis nectare membris,
Sanctos deponunt exorto mense novembris.

2° *Versus Petri Remensis de Vita sancti Eustachii.*

3o5   Acta revolventes, puerilia verba serebant.
Non procul hinc aures materne dicta bibebant.
Maior in hec igitur prorumpens, cepit ab imo[1]
Texere que vidit sub vite limite primo :
« Pene meus pater omnino de mente recessit,
3io   Qui ducis officium super agmina bellica gessit.
Huic coniunx inerat, cuius natura decorem
Elimans plenum dedit hac parte favorem.
Me fratremque meum matris parit alvus; uterque
Nos rapiunt, intrant pelagus materque paterque.
Arridet pelagi facies, arat equora remus.
Mater abest; me causa latet cur matre caremus[2].
It pater; erranti se sordidus optulit amnis;
Nat cum fratre meo, collectis ordine pannis.
Quo revocante pedem, leo ieiunante palato
3²o   Predatur puerum fugiens, infante vorato.
Me par concessit fortuna lupo; sed agrestis
Me rapit inde cohors, de re quam profero testis. »

Dixerat. Ille sub hec : « Ut te video meminisse,
Hunc puerum de quo loqueris me credo fuisse[3],
Nam qui sponte michi vite fomenta dederunt,
Ut referunt, de silvestri me dente tulerunt. »
Vox dedit hec fratres de fratrum nomine certos[4];
Res patet in liquidum: iaciunt in colla lacertos.
— Verba bibens auris materna, quibusque notatis,
33o   Sensit utrumque suum pro verbis leta relatis.

---

[1] Vers 3o5, 3o6, 3o7 (1ᵉʳ texte).
[2] Vers 3²6 (1ᵉʳ texte).
[3] Vers 338 (1ᵉʳ texte).
[4] Vers 341 (1ᵉʳ texte).

In Placide fert castra pedem, loca singula lustrat,
Invenit hoc quod amat, non eam spes irrita frustrat.
Signa cicatricis in milite visa latentem
Eustachium produnt, signo non voce loquentem.
Certa per hoc mulier de coniuge, visa revolvens,
Accedit; loquitur, fauces in verba resolvens[1] :
« Te tua signa meum promittunt esse maritum.
Pande, precor, si sis Placidas ex urbe Quiritum,
Dux equitum, cervi visu baptismate lotus,
340   Plage signa gerens in fronte, per hoc michi notus.
Sum [mulier] quam te privavit amans inhonestus,
Inde tamen nullos perpessa libidinis estus.
Xpisto teste, caro mea nullum postea novit[2]
Officium Veneris, servans tibi quod tibi vovit. »

Dixerat. Ille petit certam de coniuge normam,
Ore[3] notans verbum, perlustrans lumine formam.
Coniugis invente visu ieiuna refecit
Lumina, cui gaudens in collum brachia iecit.
Querit sponsa sui quid agant duo pignora partus.
350   Ille feris raptos pueriles indicat artus.
Uxor in hec : « Binos iuvenes presens videt herba,
Quos nostros pueros per eorum sentio verba. »
— Gaudet eosque vocat pater. Adsunt verba serentes
Singula; redduntur certi de prole parentes.
Vir sponsa, coniunx sponso, proles patre cepit
Prole sua gaudere pater; sua quisque recepit.
— Sic rea sors quicquid deliquerat ante redemit
Falsa suum crimen, reddendo quicquid ademit.
Certus de pueris, letus pro coniuge, dives
360   Preda, vir Romam redit : implent gaudia cives.

Heres Traiani, qui nuper debita fatis
Solverat, excipis hunc mensis, Adriane, paratis.
Excipitur victor, ut Rome postulat usus[4];
Applaudunt illi plectrum, lyra, tibia, lusus.

---

[1] Vers 358 (1er texte).   [3] *Aure.*
[2] Vers 367 (1er texte).   [4] Vers 408 (1er texte).

Postera lux oritur casus visura futuros[1]:
Colligit in templo cives rex sacra daturos[2].
Dat pro successu belli sacra; templa patescunt;
Civis adest, intrat, cadit hostia, thura liquescunt.
Herens Eustachius gressus in limine fixit.

370 Rex foris hunc herere videns cum coniuge, dixit :
« Cur heres dubius, veritus dare Diis holocaustum
Qui te, tam subito, fecerunt omine faustum,
Quorum te pietas, reddens amissa, revisit,
Ad quorum nutum tibi sors tam prospera risit[3]? »

Ille sub hec : « Neque ligna colo, neque supplico saxis;
Hunc amo, credo, colo, fateor, quem continet axis;
Xρistus enim mea spes, qui me de morte vocavit
Ad fidei radium, qui verbo cuncta creavit. »
Princeps ad vocis scintillam pocula dire

380 Pestis concipiens, iubet hunc tormenta subire.

Vir, coniunx, iuvenes simul ad tormenta trahuntur[4],
Sed nichil hic, nichil hec, nichil hi pene patiuntur.
Hinc leo directus timet uti sanguine sacro[5],
Oblitusque famis discedit gutture macro.
— Rex stupet; incendi bos ereus ergo iubetur,
Ut per flammivomos estus caro sancta probetur.
Paretur. Visura malum plebs tecta relinquit[6].
Impetrat Eustachius orandi tempus et inquit[7] :
« Comprime, Xρiste, precor, flammam, tua munera fundens;

390 Celitus accipe nos, animas in pace recondens.
Da, peto, si quisquam nostro te nomine psallat[8],
Quid petit imploret, nec eum bonitas tua fallat. »

Dixerat et talem percepit ab ethere flatum :
« Vox tua pondus habet, » et fecit ad astra meatum[9].

[1] Vers 417 (1er texte).
[2] Vers 418 (1er texte).
[3] Vers 428 (1er texte).
[4] Vers 435 (1er texte).
[5] Vers 437 (1er texte).
[6] Vers 443 (1er texte).
[7] Vers 444 (1er texte).
[8] Vers 447 (1er texte).
[9] Vers 450 (1er texte).

Res verbum sequitur: animas suscepit Olimpus,
Stant illesa tamen cutis, os, caro, palpebra, tempus,
Pigra iacet flamme virtus oblita caloris,
Seque stupet proprii ius amisisse vigoris.

Tertia lux oritur; plebs advolat, stat labirintus;
400   Inspicitur, nova visa stupens rex inspicit intus.
Nescia flamma sui nusquam corpora torret,
Se victam, se confusam mens regis abhorret[1].
Corpora clam tumulant qui, raptis postea membris,
Sanctos deponunt in prima luce novembris.

Explicit Eustachii sic passio martyris almi.

3° *Passio sancti Eustachii cum sociis suis*[2].

327   « It pater egresso mare, fluminis unda resistit;
Nat sine me, fratrem gerit, hunc in littore sistit.
Quo referente pedem, puer est datus esca leoni:
330   Fio rapina lupi cui me rapuere coloni.
De patre, de matre, de fratre quid inde sit actum
Me latet: hoc unum patet esse, quod assero, factum. »
Reddidit hec frater annis et voce supremus :
« Sum puer hic de quo loqueris, si dicta notemus,
Quod fera me peperit michi sepe recolligo dictum
A quibus accepi cum victu vestis amictum[3]. »

Hec fratres reddunt de fratrum nomine certos.
Itur in amplexus, agnoscunt colla lacertos.
Cuncta notans mulier verbis intenta relatis,
340   Credit utrumque suum, signis in corde notatis,
Que dum pro pueris curarum fluctuat estu,
Castra subit Placide cum casto sobria questu.
Astitit ante virum, sed nondum certa mariti,
Hunc blande retinens verbi brevitate periti :
« Queso, vir illustris, vidue te lacrima tangat;
Accipe quid patiar, que causa molestet et angat.

---

[1] Vers 456, 455 (1ᵉʳ texte). — [2] Version de la fin, depuis le vers 327, d'après le ms. 1136 de l'Arsenal. — [3] Vers 340 (1ᵉʳ texte, Saint-Omer).

In Rome gremio nutrita puellula crevi,
Pars prior et maior ibi nostri floruit evi.
Huc perducta gravi vitam consumo tumultu;
350   Me patrie reddas humili tibi supplico vultu. »
Dixit et hunc oculo notat, agnoscitque notatum,
Ruga cicatricis legit illi nomen amatum,
Dumque stupens heret, dum mens incerta vagatur,
Cum Placida placide placido sermone profatur
« Te michi declarat frons olim saucia ferri[1] :
Me tibi declarent ea que sunt digna referri.
Preda fui naute, cervi tu preda fuisti;
Mecum fonte sacro te lavit gratia Xρisti[2];
Sum data pro naulo, nil passa tamen sub amante;
360   Ius tibi servo thori, Xρisto mea vota iuvante.
Dictus eras Placidas, dum mens tua supplicat aris,
Eustachii nomen in Xρisti fonte lucraris.
Sic solidantur adhuc verborum signa meorum :
Nos natura parens patres dedit esse duorum.
Ut tibi cognita sim pro me satis ista perorant;
Que sunt nuda loquor, non se mea verba colorant. »
Quod clausum latuit narratio reddit apertum;
Verba relata virum reddunt de coniuge certum.
Clamat et hic sponse species non voce minori,
370   Nam vir utrumque notans et forme credit et ori.
Dant igitur plausus, inserpunt brachia collis.
Dat lacrimas hilares ad fletum femina mollis.
Inde virum coniunx intenta consulit aure,
Si pueros eius alat huius spiritus ore[3].
Ille refert pueros fauces pavisse ferinas,
Predonesque duos totidem meruisse rapinas.
— Dicta viri mulier et fratrum signa revolvens
Intulit ista viro, fauces in verba resolvens:
« Ecce duos iuvenes presens sibi vindicat herba,
380   Hi tua sunt proles, ipsorum consule verba[4]. »
ussit adesse duos pater. Adsunt iussa loquentes;
Sunt certi gemini gemina de prole parentes.

---

[1] Vers 362 (1er texte, Saint-Omer).   [3] Vers 376 (1er texte, Saint-Omer).
[2] Vers 364 (id. ibid.).   [4] Vers 393, 394 (id. ibid.).

Effectum voti tandem spes patris adepta
Vertitur in plausum, cum coniuge prole recepta[1].
Sponsa viro, sponsa vir, prole pater, patre gaudens
Fit proles, Xρisto cum votis et prece plaudens.
Inde redit victor et rebus et agmine dives;
Roma suos offert in primo limine cives.
Suscipis hunc dapibus, princeps Adriane, paratis :
390   Iam sua reddiderat Traianus debita fatis.
Excipitur victor romani lege statuti;
Plectra viri tangunt, cantus sua fila secuti,
Victrici frondent victoris tempora lauro;
Mel natat in fialis, arridet Bacchus in auro.
Pictura visus, auro manus, ora sapore,
Auris concentu, nares mulcentur odore.
Tota domus facibus stellata fit emula celi,
Luce nova removens nocturni nubila veli.

Facta refert victor, que regis in aure refundit,
400   Regalesque cibos verborum nectare condit.
Postera lux oritur casus visura futuros;
Colligit in templo rex cives sacra daturos[2].
Defluit, offertur, mactat, thus, hostia, lictor[3].
Hic iterum vincit deridens singula victor.
Regis decreto Xρisti preponit honorem;
Plus mirram fidei quam thuris laudat odorem.
Huc igitur flectens oculos ducis ira superbi
Fulminat Eustachium tonitru sermonis acerbi :
« Cur sacra non exples oblati rore cruoris?
410   Cur prece non redimis Phebei dona favoris?
Cuius te pietas post tanta pericla revisit,
Ad cuius nutum tibi fors tam prospera risit[4]? »
Ille sub hec : « Phebi deitas non regnat in ere
Quem manus artificis mentitur numen habere.
Auris inest Phebo sine sensu, frons sine visu,
Os sine voce, manus sine tactu, pes sine nisu.

---

[1] Vers 401, 402 (1ᵉʳ texte, Saint-Omer).
[2] Vers 417, 418 (*id. ibid.*) et 365, 366 (2ᵉ texte, Saint-Omer).
[3] Ce vers est analogue, pour la forme, au 421ᵉ du 1ᵉʳ texte de Saint-Omer.
[4] Vers 428 (1ᵉʳ texte); 374 (2ᵉ texte).

Nasus inest Phebo, sed non discernit odores;
Guttur inest Phebo, non iudicat inde sapores;
Non eri, non sculpture, non supplico lignis.
420   Hunc colo cui servit tellus, aer, liquor et ignis[1].
Xρisto servo fidem qui terras equore cingit,
Qui foliis silvas, qui stellis ethera pingit,
Dat celi faciem vario splendore monili,
Fructus autumno, flores concedit aprili.
Hic terre gremium florenti germine ditat,
Ut pariant fructus hic glebas rore maritat.
Reddidit ille meos michi compensans quod ademit,
Et finis letus exordia mesta redemit.
Iam nullam moveo de te, fortuna, querelam;
430   In Xρisto recepit veram mea plaga medelam. »

Hec ratio regem facit expertem rationis.
Ille Dei servos predam iubet esse leonis.
Vir, mulier, pueri simul ad tormenta trahuntur;
Sed nichil hic, nichil hec, nichil hi pene patiuntur[2].
Huc leo dirigitur patulo ieiunus hiatu,
Qui famis oblitus lento terit arva meatu.
O celebris novitas, o virtus digna stupore!
Est leo factus ovis non natura sed amore.
Prona fronte feram « veniam » clamare putares,
440   Et nichil hostilis terroris in hoste notares.
Non est ausa sacris plantis fera figere morsum,
Sed quia submittens caput est conversa retrorsum,
Non (?) in se retinens fera de feritate recedit,
Et tanquam prede predo ieiunus obedit.
Incutiunt regis animo nova signa stuporem,
Sed non excutiunt ex eius corde furorem.
Rex furit et volvit qua sanctos peste molestet,
Cuius tormenti genus effectum sibi prestet.
Invenit effectus affectus iniquus iniquos :
450   Semper enim vitium celeres sortitur amicos.

---

[1] Vers 430 (1ᵉʳ texte, Saint-Omer). — [2] Vers 435, 436 (*id. ibid.*) et 381, 382 (2ᵉ texte, *ibid.*).

Tortor adest, regem verbis stimulando severis,
Tam lima sceleris quam lima cognitus eris.
Hic regis voto mentemque manumque ministrans,
Fabricat eris opus incude metalla magistrans.
Format in igne bovem non patre sed arte creatum,
Si sineret species eris, mugire paratum.
Erecta fabrica bovis, erigitur novus ignis,
Criminis auctores pascunt incendia lignis.
Succrescente rogo, regis crescente reatu,
460 Bos fictus sanctos patulo suscepit hiatu.
Orandi spatium sancti petiere; merentur,
Et quod in affectu latet, hoc in voce fatentur :
« Xρiste Iesu, cuius nobis illuxit imago,
Quem sine labe sui fudit materna propago;
Qui solus, non propter opus, sed propter amorem
Fudisti sacro lateris de vulnere rorem,
Hos compesce rogos divini fontis odore,
Expiremus in hoc bove, salvo carnis honore.
Tu qui fine cares, sis nobis finis et igni,
470 Confirmetque fidem presentis gratia signi;
Et quos coniunxit prius una fides, labor unus,
Iungat idem funus et idem post funera munus.
Rursus in hoc nostre fidei devotio fervet,
Ut populum nostri memorem tua gratia servet.
Si quisquam nostrum tibi porrigat in prece nomen,
Arridere preci votorum sentiat omen;
Fulgura non timeat si mugiat aura rebellis;
Equora non timeat si murmurat unda procellis;
Inveniant veniam peccantes, gaudia mesti,
480 Spem miseri, pacem discordes, vota modesti. »

Non hec verba Deus effectu cassa relinquit :
Vox divina sacris instillans auribus inquit :
« Divinam meruit devotio vestra favorem,
Ac vestrum redimet eterna corona laborem. »

Post hec verba vigor vitalis deserit illos,
Sed vim non habuit vel in ipsos flamma capillos.

Est oblita suum fornax accensa calorem;
Non fecit funus carnis marcescere florem.
Auctorem signi pro signo vulgus adorat,
490   Mens confusa ducis concussa timore laborat.
Corpora clam tumulant qui sparsis nectare membris
Sanctos deponunt, sub prima luce novembris[1].

XXII. Une pièce de vers, sans rubrique, en distiques, en l'honneur de Pierre II, évêque de Poitiers. C'est une prétendue épitaphe que Beaugendre nous donne sans raison sous le nom d'Hildebert de Tours (*Opera Hildeberti*, col. 1358). On en retrouve une partie dans le *Gallia christiana*, t. III, édit. de 1656, p. 884. Cf. Hauréau, *Notices et extraits des mss.*, t. XXVIII, p. 303; *Histoire littéraire*, t. XI, p. 393. (Fol. 32 r°; 54 vers.)

Incipit : Si cunctas urbes numeremus ab Alpibus infra,
     Pictavus inter eas extulit una caput.
. . . .

XXIII. Une pièce de vers en distiques, sans rubrique, que nous retrouvons plus loin, au folio 50 r°, et faisant partie du *Floridus aspectus* de Pierre Riga. Dans le ms. 1136 de l'Arsenal (fol. 17 r°), elle porte le titre *De laude alterius* (22 vers). Ici il y a cinq hexamètres léonins de plus, distingués de la pièce précédente par un simple §. Ils ont été ajoutés uniquement pour remplir le bas de la dernière colonne du quatrième quaternion. (Fol. 32 v°.)

Incipit : Scripta notans oculis, missum, precor, accipe; stringet
     Succincta laudes littera nostra tuas.
. . . .
Quamlibet etatem niti decet ad probitatem.
Quam bene narratur quo proximus edificatur,
Qui modo torquetur nescit quam magna lucretur.
Quos par culpa ligat hos par quoque pena fatigat.
Quis vel vincatur vel vincat, fine probatur.

[1]. Vers 457, 458 (1ᵉʳ texte, Saint-Omer); vers 403, 404 (2ᵉ texte, *ibid.*).

Ces vers léonins proverbes font partie de la série des sentences monostiques, disposées par ordre alphabétique, que nous retrouverons plus loin au n° LIX (fol. 97 v°); ce sont les cinq premiers de la lettre Q.

XXIV. *Versus venerabilis Bede, presbiteri, in laude Edeltrite regine et virginis Xpisti.* Cette pièce est en distiques *recurrentes*, comme ceux que nous avons déjà vus au n° VI. (Fol. 33 r°; 54 vers.)

> *Incipit* : Alma Deus Trinitas, que secula cuncta gubernas,
> Annue iam ceptis, alma Deus Trinitas.

XXV. *Commendatio virtutum per comparationem.* Il y a trois petites pièces sous cette rubrique qui ne se rapporte qu'à la première (6 vers). La seconde se compose de cinq distiques satiriques; la troisième (6 vers) est relative à la visite faite par la sainte Vierge à sainte Élisabeth. Voici le commencement de chacune d'elles :

> *a*   Virginitas flos est et virginis aurea dos est.
>
> *b*   Est tibi venandi, sed non est cura legendi;
>   Brutus es, et brutis Quintiliane vacas.
>
> *c*   Dat presaga boni duo signa Deus Gedeoni.

Voir, pour la première pièce, les OEuvres de Marbode, édit. de Beaugendre, col. 1561. (Fol. 33 r°; 22 vers.)

XXVI. Le long poème de *Mahomet*, attribué à Hildebert de Tours et publié dans ses OEuvres par Beaugendre (col. 1277-1296), se trouve non seulement dans les mss. indiqués par l'*Histoire littéraire* (t. XI, p. 380), mais encore dans le n° 218 de Laon (xiii° siècle), provenant de l'église Notre-Dame de cette ville, et dans le n° 825 de Douai, provenant de l'abbaye d'Anchin (xii°-xiii° siècles). D'après l'édition de Beaugendre, il a 1142 vers; dans notre ms. il n'en a que 1136, savoir : 74 pour le prologue, qui a pour rubrique : *Incipit prologus super versus de Mahumet;* 10 pour l'envoi, qui a pour rubrique : *Auctor*

cuidam amico suo; et 1062 pour le poëme proprement dit, qui a
pour rubrique : *Incipiant versus de vita Mahumet.* (Fol. 33 v° à 41 r°.)

XXVII. *Dialogia poetę tetrarcha incipit.* Ce petit poëme, dont l'auteur ne m'est pas connu, se compose de 24 quatrains (dialogue entre
le *pocta* et le *libellus*), plus un envoi de 10 vers et un remerciement de
10 vers. C'est une sorte de critique vive et spirituelle du genre de
poésie du temps. On y trouve des réminiscences des poètes latins du
grand siècle. L'*explicit* lui donne le titre peu modeste de *Cleri delicie.*
(Fol. 41 r°.)

>*Incipit :* Cur bullata sere reserasti claustra , libelle ?

>*Desinit :* Cleri delicias vocitet me scita iuventas,
>Fuge voco belle, mi fautor vive vigeque.

XXVIII. *Incipit liber Marbodii de ornamentis verborum.* Ce poëme, en
vers tantôt léonins, tantôt rimés, a été imprimé par Beaugendre (*Marbodii opera,* col. 1587). Il compte 160 vers dans cette édition. Voir
l'*Histoire littéraire de la France,* t. X, p. 577. (Fol. 42 r°; 63 vers.)

>*Incipit :* Versificaturo quedam tibi tradere curo.

XXIX. *Incipit liber lapidum : prologus.* Ce poëme, incomplet dans
notre ms., a été publié par Beaugendre dans les OEuvres de Marbode
(col. 1637). Il est très connu et on le retrouve dans un grand nombre
de mss., entre autres dans le n° 142 de Saint-Omer (xiie siècle), provenant de l'abbaye de Saint-Bertin; dans les n°s 35 (xiie siècle),
121 (xiie siècle), 294 (xie et xiie siècles), 277 et 503 (xive siècle) de
l'École de médecine de Montpellier, provenant de l'abbaye de Clairvaux, de la bibliothèque Albani, etc.; dans le n° 198 de Boulogne
(xive siècle), provenant de Notre-Dame d'Arras; dans le n° 145 de
Valenciennes (xiie siècle), provenant de l'abbaye de Saint-Amand.
(Fol. 43 v°; 48 vers.)

>*Incipit :* Evax rex Arabum legitur scripsisse Neroni.

XXIX *bis. Nomina duodecim lapidum cum significationibus.* Ce morceau, en prose rimée et en vers, a été imprimé par Beaugendre
dans les Œuvres de Marbode (col. 1679). Voir l'*Histoire littéraire de
la France*, t. X, p. 386. (Fol. 44 r°; 16 strophes.)

> *Incipit :* Cives cęlestis patrię
> Regi regum concinnite.

XXX. *Incipit prologus in libro Floridi aspectus.* Ce *liber Floridi aspectus*, dont le titre est aussi obscur que peu modeste, a été publié par
Beaugendre dans les Œuvres d'Hildebert de Tours (col. 1309-1319).
C'est à tort qu'il en a fait l'attribution à ce prélat, d'après le ms. de
Jacques du Poirier, médecin de Tours, dans lequel, très probablement, il était anonyme, comme il l'est dans les mss. 15692 de la
Bibliothèque nationale (XIIe siècle), provenant de la Sorbonne; 237
de Munich, 825 de Douai (XIIe et XIIIe siècles), provenant de l'abbaye
d'Anchin, et dans notre manuscrit. Ce ne peut être à Guillaume,
évêque de Winchester, que le recueil est adressé, comme l'a fort
bien démontré M. Hauréau (*Notices et extraits des mss.*, etc., t. XXVIII,
pp. 293-301), mais à Samson de Mauvoisin, archevêque de Reims,
dont l'éloge se trouve dans la pièce n° 14, aux fol. 48 r° de notre ms.
et 14 v° du ms. 1136 de l'Arsenal (1140-1161); or Pierre Riga était
chanoine de Reims, et le *Floridus aspectus* contient plusieurs pièces
extraites de l'*Aurora*, bien que Dom Brial les ait mises sous le nom
d'un des Serlon (*Hist. litt.*, t. XV, p. 13). Ce qui a compliqué la question de savoir quel est l'auteur de ce recueil, c'est la dissemblance des
exemplaires pour le nombre et la nature des pièces qui y sont conte-
nues; mais la préface est la même dans tous les mss., et si les copistes ont plus ou moins grossi le nombre des pièces, ce qui n'a rien
d'impossible, le fond de la compilation n'en est pas moins l'œuvre
de l'auteur de la préface adressée à Samson, l'archevêque de Reims.
D'ailleurs, s'il est vrai que le seul texte complet du *Floridus aspectus*
se trouve dans le ms. 1136 de l'Arsenal, comme le dit M. Hauréau
(*Notices et extraits des mss*, etc., t. XXIX, p. 243), qui conclut nettement

à reconnaître Pierre Riga pour en être l'auteur, nous avons une nouvelle preuve, d'après ce ms. même, de la vérité de son assertion et des remaniements faits ultérieurement dans l'ouvrage. Ce ne peut être en effet qu'un poète de la province ecclésiastique de Reims qui a fait les épitaphes de Gibuin II, évêque de Châlons-sur-Marne (998-1004), de l'évêque Barthélemy de Senlis (1147-1151), de l'évêque Roger (1066-1093) et de l'évêque Haimon (1152-1153), tous les trois aussi évêques de Châlons-sur-Marne (ms. 1136 de l'Arsenal, fol. 55 v°, 58 v° et 59 r°). Il y a là toute une collection d'épitaphes qui ne peut être attribuée ni à Hildebert ni à l'un des Serlon. Bien plus, au folio 55 r° se trouve l'épitaphe de l'archevêque Samson lui-même; les copistes auront voulu la faire figurer dans le recueil qui lui était dédié, et cela semble tout naturel. C'est donc sans hésitation que je regarde Pierre Riga comme l'auteur du *Floridus aspectus,* en réservant la question de savoir si le texte qui se trouve dans le n° 1136 de l'Arsenal est complet.

Je vais passer rapidement en revue les pièces que contient notre ms. en ajoutant celles qui se trouvent seulement dans le ms. 1136, dont la distribution est différente.

1° *De nativitate Xpisti.* (Fol. 45 r°[1].)

Incipit : Nectareum rorem terris instillat Olimpus.

Il y a quatre petites pièces sous cette rubrique, formant un ensemble de 64 vers. Elles ont été publiées par Beaugendre sous le même titre. Ailleurs elles sont intitulées : *De virginitate B. Mariæ,* — *Sertum S. Virginis,* — *De conceptu et partu Virginis.* En dehors des mss. cités plus haut et qui contiennent le *Floridus aspectus,* on les retrouve dans les mss. 8865 de la Bibliothèque nationale et 344 de la reine de Suède, au Vatican.

2° *De partu virgineo.* (Fol. 45 v°[2].) Deux distiques.

Incipit : Sol, nubes et aqua cœlestis luminis yrim.

[1] Ms. de l'Arsenal n° 1136, fol. 1 v°. — [2] *Ibid.,* fol. 2 v°.

3° *De nativitate Xpisti.* (Fol. 45 v°[1].) C'est un quatrain d'une tournure singulière que les auteurs de l'*Histoire littéraire* ont cru devoir reproduire, après Beaugendre (t. XI, p. 382), pour montrer le goût bizarre des poètes de ce siècle :

> Natus, casta, nitens, exultans, perfidus, emptus,
>   Rex, virgo, sydus, angelus, hostis, homo,
> Quærit, nescit, dat, declarat, perdit, adorat,
>   Nos, labem, lumen, gaudia, iura, Deum.

Il faut lire ainsi : *Natus Rex quærit nos; casta virgo nescit labem; nitens sidus dat lumen*, etc. Les deux distiques suivants sont du même genre.

4° *De oblatione Xpisti.* (Fol. 45 v°[2].)

> Solvitur, offertur, plaudit, fertur, stupet, orat,
>   Lex, turtur, mater, filius, Anna, senex.

5° *De baptismo Xpisti.* (Fol. 45 v°[3].)

> Roratur, clamat, sacratur, adest, solidatur,
>   Salvator, genitor, unda, columba, fides.

6° Cinq autres distiques semblables aux précédents, intitulés : *De passione Xpisti;* — *De resurrectione Xpisti;* — *De ascensione Xpisti;* — *De adventu Sancti Spiritus;* — *De juditio Xpisti.* (Fol. 45 v°[4].)

7° *De omnibus gradibus Xpisti.* (Fol. 45 v°[5].) C'est encore un quatrain du même genre. Il semble que l'auteur ait accumulé à dessein ces tours de force au début de son livre.

> Natus, purus, homo, fortis, surgens, levis, unus,
>   Virgine, culpa, re, vi, carne, gradu, deitate,
> Sumit, sacrat, fert, premit, excitat, intrat, adimplet,
>   Corpus, aquas, pœnam, mortem, se, celica, totum.

---

[1] Ms. de l'Arsenal n° 1136, fol. 2 v°.   [4] Ms. de l'Arsenal n° 1136, fol. 3 r°.
[2] *Ibid.*, fol. 3 r°.   [5] *Ibid.*, fol. 3 r°.
[3] *Ibid.*, fol. 3 r°.

8° *Querela Jacob de Joseph.* Il est étonnant que Beaugendre n'ait pas vu que ce morceau est extrait de l'*Aurora*, et c'est un des meilleurs. Il n'est pas dans le ms. de Douai n° 825. Cf. Hauréau, *Notices*, etc. t. XXVIII, p. 299. (Fol. 45 v°; 178 vers[1].)

> *Incipit :* Cum natura Iacob duodena prole beasset,
> In pueris forte gratia multa fuit.

9° Une pièce sans rubrique, qui est intitulée : *De Job, Noe et Daniele* dans le ms. 1136 de l'Arsenal[2]. M. Hauréau en a publié le texte correct (*Notices*, etc., t. XXIX, p. 243). C'est encore un fragment de l'*Aurora.* (Fol. 46 v°; 40 vers.)

> *Incipit :* Tres recipit celum : Danielem, Job, Noe; clauso
> Limine, mendicat cetera turba foris.

10° Une autre pièce sans rubrique, intitulée *De quatuor Evangelistis,* dans le ms. 344 de la reine de Suède[3]. Cet extrait est précisément le commencement de la seconde partie de l'*Aurora,* mais Beaugendre l'a publié, ainsi que le précédent et le suivant, sous le nom d'Hildebert (col. 1315-1317). (Fol. 47 r°; 60 vers.)

> *Incipit :* Tange, camena, stilum, faleratos exue cultus;
> Rerum maiestas induat istud opus.

11° Un autre extrait de l'*Aurora* (vers 465 de la deuxième partie), qui dans le ms. 1136 de l'Arsenal est intitulé : *De tribus donis magorum*[4]; dans le ms. 344 de la reine de Suède, il est intitulé : *De thure, auro et myrrha.* (Fol. 47 v°; 17 vers.)

> *Incipit :* Quid thus designet, quid adumbret myrrha, quid aurum
> Exprimat inquiro; pagina sacra, doce.

12° Une pièce en distiques, sans rubrique, intitulée *De triplici dono*

---

[1] Ms. de l'Arsenal n° 1136, fol. 3 v°.   [3] Ms. de l'Arsenal n° 1136, fol. 8 r°.
[2] *Ibid.,* fol. 7 v°.   [4] *Ibid.,* fol. 9 v°.

iusti dans le ms. 1136 de l'Arsenal[1], et *De trinis hominum mansionibus* dans l'édition des Œuvres d'Hildebert par Beaugendre. (Fol. 47 v°; 26 vers.)

> *Incipit :* Trina domus iusto est; fit in aere prima, secunda
> Sub tellure iacet, stat super astra sequens.

13° Une pièce épigrammatique, sans rubrique, intitulée *Invectio contra quemdam* dans le ms. 1136 de l'Arsenal[2]. (Fol. 47 v°; 46 vers.)

> *Incipit :* Nullis se phaleris ornet mea littera; turpem
> Incausto turpi pingat harundo virum.

14° Une pièce sans rubrique, intitulée dans le ms. 1136 de l'Arsenal : *De laude Samsonis archipresulis*[3], et publiée par Beaugendre, toujours sous le nom d'Hildebert : cependant ce n'est pas lui qui eût pu appeler l'archevêque de Reims son « vénéré maître »; ce langage convient bien mieux à Pierre Riga, chanoine de Reims. (Fol. 48 r°; 40 vers.)

> *Incipit :* Tange, manus, calamum, Samsonis pinge triumphos,
> De cuius titulo gallica vernat humus.

15° Une pièce en distiques, sans rubrique, intitulée : *Descriptio paradisi,* dans le ms. 344 de la reine de Suède, titre inexact, auquel il faut substituer, non celui de Beaugendre (*De ornatu mundi*), mais celui du ms. 1136 de l'Arsenal : *Descriptio cuiusdam nemoris*[4]. Cf. Hauréau, *Notices,* etc., t. XXIX, p. 245; *Hist. litt.,* t. XI, p. 375. (Fol. 48 v°; 180 vers.)

> *Incipit :* Dirige, Clio, stilum, cultum sermonis inaura;
> Os resperge meum nectaris imbre tui.

16° Une pièce sans rubrique intitulée : *De paupere quodam nuper*

---

[1] Ms. de l'Arsenal n° 1136, fol. 9 v°.

[2] *Ibid.,* fol. 10 r°.

[3] *Ibid.,* fol. 14 v°.
A la suite se trouve une autre pièce de

30 vers, intitulée : *Item de laude eiusdem :*
> Illum qui roseis scintillat ubique tropheis
> Versibus orno meis; supplico parcat eis.

[4] Ms. de l'Arsenal n° 1136, fol. 11 r°.

rapto ad presulatum, dans le ms. 1136 de l'Arsenal[1]. Elle a été publiée par Beaugendre dans les Œuvres d'Hildebert (col. 1326), mais sans preuve. M. Hauréau n'admet pas, pour ce fait même, cette assertion ; il a bien raison, puisqu'elle se trouve dans deux textes du *Floridus aspectus* (*Notices*, etc., t. XXVIII, p. 317). Il y a plus : les deux derniers vers expriment l'idée du retour heureux de la fortune dans des termes à peu près identiques à ceux que nous trouvons dans la légende de saint Eustache, vers 403, 404 du premier texte de Saint-Omer, et vers 357, 358 du second texte. Or j'ai prouvé plus haut que cette légende est de Pierre Riga. (Fol. 49 v°; 34 vers.)

> *Incipit :* Sepe diem mestum sequitur lux aurea; sepe
> Post pluviam roseus incipit esse dies.

> *Desinit :* Sic potuit veniam fortunę culpa mereri,
> Que modo supplevit quod dedit ante munus.

17° Une pièce sans rubrique, intitulée : *Epitaphium cuiusdam divitis comitisse*, dans le ms. 1136 de l'Arsenal[2] et imprimée à tort par Beaugendre dans les Œuvres d'Hildebert (col. 1322), bien qu'elle ne soit peut-être pas indigne de lui. On ne la trouve dans aucun autre ms. et l'on ne sait pas quel est celui d'où l'a tirée Beaugendre. Cf. Hauréau, *Notices*, etc., t. XXVIII, p. 306. (Fol. 50 r°; 14 vers.)

> *Incipit :* Huic tria post cineres vitam conferre laborant :
> Mens humilis, blandus sermo, benigna manus.

18° Une pièce sans rubrique, intitulée : *De ortu et morte cuiusdam pueri monstruosi*, dans le ms. 1136 de l'Arsenal[3]. Elle a été publiée par Beaugendre dans les Œuvres probables d'Hildebert (col. 1368), mais sans preuve. Nous verrons bientôt une autre pièce du même genre, plus brève, mais plus connue. « L'invention est la même; sont aussi les mêmes les traits, les jeux d'esprit. Or quel que soit le plagiaire, nous savons un auteur du XIIe siècle à qui nous pouvons sûre-

---

[1] Ms. de l'Arsenal n° 1136, fol. 15 v°. — [2] *Ibid.*, fol. 57 r°. — [3] *Ibid.*, fol. 16 v°.

ment attribuer un poème quelconque sur cet hermaphrodite. C'est Matthieu de Vendôme. Mais nous en avons bien d'autres du même genre, du même style, qui ne sont ni de Matthieu de Vendôme ni d'Hildebert. » (Hauréau, *Notices,* etc., t. XXVIII, p. 386.) S'il y a un plagiaire ici, c'est Pierre Riga, à qui cette pièce appartient évidemment. (Fol. 5o r°; 2 2 vers.)

> *Incipit* : Uxor Thiresię, dum pleno ventre tumeret,
> Numina consuluit quid velit iste tumor.

> *Desinit :* Corrigiam, pectus, caput, hamo, cuspide, fluctu
> Arbor, mucro, latus, alligat, intrat, agit.

19° Une pièce sans rubrique, intitulée : *De morte hominis, fere et anguis,* dans le ms. 1 1 36 de l'Arsenal[1]. Elle n'est pas d'Hildebert, comme l'a cru Beaugendre; elle n'est pas non plus de Matthieu de Vendôme : elle est de Pierre Riga. C'est une fable dont voici la matière : « Un paysan fait, dans un bois, la rencontre d'un sanglier, lui lance une flèche et le tue. Le sanglier tué tombe sur un serpent et l'écrase. Le serpent écrasé lance un venin qui touche le paysan et soudain l'empoisonne. » (Cf. Hauréau, *Notices,* etc., t. XXVIII, p. 387.) (Fol. 5o r°; 1 o vers.)

> *Incipit* : Forte nemus lustrabat homo; fera forte redibat
> Plena, latens anguis forte iacebat humi.

20° Une pièce que nous avons déjà trouvée isolée au n° XXIII, et sur laquelle il n'y a pas à revenir.

2 1° Une pièce sans rubrique, intitulée : *Epitaphium cuiusdam religiosi,* dans le ms. 1 1 36 de l'Arsenal[2]. Beaugendre l'a publiée à tort dans les Œuvres d'Hildebert (col. 1 32 0), sous le titre de *Epitaphium Roberti de Arbrissel.* D'après M. Hauréau, ces vers ne sont pas une épitaphe; ils appartiennent au rouleau funéraire de Robert d'Arbris-

---

[1] Ms. de l'Arsenal n° 1 1 36, fol. 1 6 v°. — [2] *Ibid.,* fol. 5 7 r°.

sel (*Notices*, etc., t. XXVIII, pp. 301-303). Leur place dans le texte du *Floridus aspectus* donné par le ms. de Saint-Omer et par le ms. de l'Arsenal semble bien indiquer que l'auteur est Pierre Riga. (Fol. 50 v°; 10 vers.)

Incipit : Vexillum fidei, populi candela, sophyę
Pulvinar, laudis summa vir iste fuit.

22° Une pièce sans rubrique, intitulée : *Epitaphium cuiusdam Thome*, dans le ms. 1136 de l'Arsenal[1]. C'est une pièce bien pauvre d'invention et d'un style bien incorrect, dit M. Hauréau (*Notices*, etc., t. XXVIII, p. 307), et Beaugendre n'aurait pas dû la publier sans preuves sous le nom d'Hildebert (col. 1322). « M. l'abbé Bourassé l'a reproduite avec les fautes et les lacunes qui déparent le texte du premier éditeur. » (*Ibid.*) (Fol. 50 v°; 12 vers.)

Incipit : Quem studio morum naturę pinxerat unguis
Incausto tinguit mors inimica suo.

23° Une pièce sans rubrique, intitulée : *Epitaphium magistri Theobaldi*, dans le ms. 1136 de l'Arsenal[2]. Elle n'appartient pas à Hildebert, quoi qu'en dise Beaugendre (col. 1322), qui nous laisse ignorer où il l'a prise. (Cf. Hauréau, *Notices*, etc., t. XXVIII, p. 307.) Ce Thibauld, d'après le texte de l'épitaphe, était moine à l'abbaye de Montier-en-Der, dans le diocèse de Châlons-sur-Marne. Ce fait (outre la présence de l'épitaphe dans nos deux mss. du *Floridus aspectus*) semble prouver que l'auteur est bien le chanoine de Reims, Pierre Riga. (Fol. 50 v°; 20 vers.)

Incipit : Pinge, Thalia, virum festivo laudis amore.
In titulos eius collige quicquid habes.

24° Une pièce sans rubrique, intitulée : *De partu virginis*, dans le ms. 1136 de l'Arsenal[3]. Beaugendre l'a publiée sous le même titre

---

[1] **Ms.** de l'Arsenal n° 1136, fol. 57 v°. — [2] *Ibid.*, fol. 57 v°. — [3] *Ibid.*, fol. 17 v°.

(col. 1312), dans ce qu'il a donné du *Floridus aspectus* qu'il attribue à Hildebert. Dans le ms. de Douai, elle a pour rubrique : *De virga Aaron* (d'après les premiers mots du premier vers); elle ne se trouve pas dans le 15692 de la Bibliothèque nationale. (Cf. Hauréau, *Notices*, etc., t. XXVIII, p. 298.) (Fol. 50 v°; 16 vers.)

> *Incipit :* Aaron virga, Dei virgo peperisse feruntur
> Arboris illa vices, etheris illa Deum.

25° Une petite pièce, sans rubrique, intitulée : *Epitaphium cuiusdam magistri*, dans le ms. 1136 de l'Arsenal[1]. Elle a été publiée par Beaugendre (*Opera Hildeberti*, col. 1323), toujours sur l'autorité de son ms. de Tours. Elle doit être tirée d'un rouleau funéraire, et concerne un évêque de France. (Cf. Hauréau, *ibid.*, p. 307.) (Fol. 50 v°; 8 vers.)

> *Incipit :* Sidera caligant radio privata sereno,
> Gallia suspirat presule nuda suo.

26° Une petite pièce sans rubrique, intitulée : *Epitaphium cuiusdam abbatisse*, dans le ms. 1136 de l'Arsenal[2]. C'est encore un fragment de rouleau funéraire, publié par Beaugendre (col. 1323) dans le *Floridus aspectus*. La valeur en est très médiocre. (Cf. Hauréau, *ibid.*, p. 307.) (Fol. 51 r°; 12 vers.)

> *Incipit :* Cui suus articulus non congruit ista sed iste,
> Induit ista virum, moribus usa viri.

27° Une petite pièce sans rubrique, intitulée : *Epitaphium cuiusdam nomine Clari*, dans le ms. 1136 de l'Arsenal[3]. Il y a les mêmes observations à faire pour cette pièce que pour les précédentes et pour la suivante, en ce qui concerne la publication de Beaugendre (col. 1323). (Fol. 51 r°; 12 vers.)

> *Incipit :* Anchora lapsorum, fidei radius, nitor orbis,
> Flos patrie, morum regula Clarus obit.

---

[1] Ms. de l'Arsenal n° 1136, fol. 58 r°. — [2] *Ibid.*, fol. 58 r°. — [3] *Ibid.*, fol. 58 v°.

28° Une petite pièce sans rubrique, intitulée : *Epitaphium optimi viri*, dans le ms. 1136 de l'Arsenal[1]. Elle est d'une élégance très étudiée et remplie d'antithèses subtiles. (Cf. Hauréau, *Notices*, etc., t. XXVIII, p. 306.) (Fol. 51 r°; 14 vers.)

> *Incipit :* Virtutes quarum celebris dignatio Petri
> Moribus arrisit colligo laude brevi.

29° Une pièce sans rubrique, intitulée : *Passio sancte Agnetis*, dans le ms. 1136 de l'Arsenal[2]. Elle se trouve dans ce ms. à la suite de la légende de saint Eustache, et n'a que 298 vers, tandis qu'elle en a 300 dans le ms. de Saint-Omer. « Ce poème est bien connu, mais l'auteur l'est beaucoup moins, » dit M. Hauréau (*Notices*, etc., t. XXIX, p. 360). Il a été publié : 1° en 1621, par Nicolas Chamart, sous le nom de Philippe, abbé de Bonne-Espérance; 2° en 1624, par Gaspard de Barth (*Adversaria*, lib. XXXI, cap. XIII), qui l'attribue à Hildebert; 3° en 1630, à Douai, parmi les œuvres du même abbé Philippe; 4° par Beaugendre (*Opera Hildeberti*, col. 1249). L'opinion qui l'attribue à Hildebert peut s'appuyer sur le ms. 190 de Charleville (XIIᵉ siècle), provenant de l'abbaye de Signy, dans le diocèse de Reims, et peut-être sur le ms. 125 de Valenciennes (XIIᵉ siècle), provenant de l'abbaye de Saint-Amand. (Le poème a 300 vers dans ce ms. comme dans le nôtre.) Mais cette opinion est contredite par le ms. 663 de Troyes (XIIᵉ siècle), provenant de l'abbaye de Clairvaux, où le poème est anonyme et suivi de cette indication : *Versus* [Hildeberti] *Cenomanensis episcopi de his que aguntur in Missa, et quid representent singula eorum*, etc. Or, si le scribe eût regardé la *Passion de sainte Agnès* comme étant d'Hildebert, il l'aurait mis dans la rubrique. On ne peut pas davantage revendiquer ce poème pour le compte d'un Alexandre de Sommerset ou Alexandre d'Essebi (*Hist. litt.*, t. XI, p. 378) qui est mort vers 1263, quand, outre les trois copies ci-dessus, qui sont du XIIᵉ siècle, nous avons encore celles du ms. 4214 de la Bibliothèque na-

---

[1] Ms. de l'Arsenal n° 1136, fol. 58 v°. — [2] *Ibid.*, fol. 49 v°.

tionale et du ms. 710 de Berne, qui sont de la même époque, et celle du 344 de la reine de Suède, qui est de la fin du xiiᵉ siècle ou du commencement du xiiiᵉ siècle. Enfin, si la présence de ce poème dans le ms. 1136 de l'Arsenal a paru une preuve suffisante à M. Hauréau pour l'attribuer à Pierre Riga, cette preuve se trouve corroborée par le ms. de Saint-Omer. (Fol. 51 vᵒ; 300 vers.)

Incipit : Agnes sacra sui pennam scriptoris inauret,
Linguam nectareo compluat imbre meam.

30ᵒ Sentences diverses d'un ou de deux vers, qui ne se trouvent pas dans le ms. de l'Arsenal et qui sont sans importance. En voici les rubriques : *Versus de tabula aurea S. Marie super Aaron; — super S. Mariam virginem; — super archam Dei; — super aram; — super maiestatem; — super sinagogam; — super ecclesiam.* (Fol. 53 rᵒ; 12 vers.)

Incipit : Fert Aaron tabulas legis ferrugine tinctas.

XXXI. Le *Liber Floridi aspectus* est suivi, dans le ms. de Saint-Omer, d'un *Traité des figures de mots et des figures de pensées*[1] dans le genre de celui de Marbode, que j'ai indiqué au nᵒ XXVIII, mais plus complet[2]. Dans chaque article l'auteur donne en prose l'explication d'un terme ou d'une figure, puis il en donne un exemple en vers. Les définitions sont à peu près les mêmes que celles de Marbode; les exemples sont différents. Ce genre de traités a été très populaire au moyen âge (Voir *Rhetores latini minores*, éd. de Karl Halm, Lipsiæ, 1863, in-8ᵒ), et il est intéressant de pouvoir recueillir tout ce qui a été fait à ce sujet. Il y a là une série non interrompue qu'il est bon de posséder entière.

Mais, en dehors de cette question générale, il en est une autre : quel est l'auteur de ce traité? — La place qu'il occupe immédiate-

---

[1] Ms. 115 de Saint-Omer, fol. 53 rᵒ.
[2] Celui de Marbode n'a que trente numéros dans notre ms.; ce sont les trente premiers du traité que je publie maintenant, plus un article intitulé *contrarium*, après le 14ᵉ, et moins le 17ᵉ : *gradatio*.

mènt après le *Floridas aspectus*, et la préface qui le précède, me per-
mettent de croire et d'affirmer qu'il fait partie de ce recueil, qu'il en
est la fin et qu'il a été composé exprès pour y être ajouté. Il suffit,
je pense, de lire cette préface pour être convaincu que ce n'est pas
une hypothèse, mais une vérité. La voici :

« *Maiore parte operis consummata* stilo quo potui, non quo debui,
Tulliani voluminis colores aureos *in mei extremitate libelli*, quasi oculos Argi stellatos in cauda pavonis collocare disposui, quatinus *si aliquid minus facunde dulcedinis precedens contineret pagina*, totum redi-
meret colorum sequentium iocunditas gratiosa. Nam, ut ita loquar,
libellus iste in fine suo ad instar cuiusdam pulcherrimi pavonis factus
est ad delectationem, elimatus ad utilitatem. Sicut enim pingentis
nature manus premisse volucris extremitatem pre ceteris corporis
partibus oculorum ridentium honoravit claritate, ita et ego, pre ceteris locis *finem huius operis* tam verborum quam sententiarum coloravi
venustate, ubi et usum quemque colorum proprio insignivi titulo,
easque cuilibet dictatori sive potius versificatori offerre curavi pro
speculo, *sciens nec versus laudem mereri nec* litteras, nisi et verbis ro-
rentur nectareis, et argumentis sententiarum resplendeant margaritis. »

Pour moi, je crois qu'il n'y a pas à hésiter; ce traité fait partie de la
première rédaction du *Floridas aspectus* (dont il a pu être retranché
plus tard, puisque le ms. 1136 de l'Arsenal ne le donne pas) et l'auteur est Pierre Riga. C'est une œuvre nouvelle à mettre à son avoir,
et, quelle qu'en soit la valeur, je crois devoir la faire connaître, ne
fût-ce qu'à titre de curiosité.

COLORES VERBORUM.

1. *Repetitio* est cum continenter ab uno eodemque verbo in rebus simili-
bus et diversis principia assumuntur, hoc modo :

> Res nova, res celebris, res omni digna favore,
> Quod mare, quod tellus, quod florent omnia pace.

2. *Conversio* est per quam non ut ante primum repetimus verbum, sed ad postremum continenter convertimus, hoc modo :

> Qui vitium spernis te spernis, frivola spernis :
> Mens tibi pura, caro tibi pura, scientia pura.

3. *Complexio* est que utramque continet exhortationem, ut repetatur idem verbum sepius et crebro ad idem revertatur, hoc modo :

> Que res alludit oculis et mentibus? aurum.
> Que res iustitie titulos obnubilat? aurum.

4. *Traductio* est que facit ut, cum idem verbum crebrius ponitur, non modo non offendat animum, sed etiam concinniorem orationem reddat, hoc pacto :

> Huic veniam fides, veniam dum terrea curas
> Lucraris curas : vis te mundum? fuge mundum.

5. *Contentio* est cum ex contrariis rebus oratio conficitur, hoc modo :

> Si ploratur, ovas; si rident tempora, luges;
> Pax est, tela rapis; Mars imminet, otia queris,

6. *Exclamatio* est que conficit significationem doloris, vel indignationem per alicuius hominis, loci, rei compellationem, hoc modo :

> O quondam titulis urbs aurea, clara tropheis,
> Troia iaces; o flos procerum, ruis Hector ab hoste.

7. *Ratiocinatio* est qua a nobis rationem poscimus quare quodque dicamus, et crebro a nobis petimus cuiusque propositionis explanationem, hoc modo :

> Iste crucem meruit, cur egit furta? quid ergo?
> Lex vetat hoc. Que lex? Crux fures puniat omnes.

8. *Sententia* est oratio sumpta de vita que aut quid sit aut quid esse oporteat breviter ostendit, hoc modo :

> Qui cupit est ut egens; qui nil cupit est ut abundans;
> Mens igitur, non res, vel egere facit vel habere.

9. *Contrarium* est quod, ex diversis duabus rebus, alteram breviter et facile confirmat, hoc modo :

> Qui sibi nubilus est, cui vultu rideat equo?
> Qui nichil armatus potuit, quid aget sine ferro?

10. *Membrum orationis* est res breviter absoluta sine totius sententie monstratione que alio membro excipitur, hoc modo :

> At te festivam reddit facies et inaurat
> Eloquii splendor et ridens purpura vestit.

11. *Articulus* dicitur, cum singula verba intervallis distinguuntur cesa oratione, hoc modo :

> Ore, genis, oculis Paridem mentiris adesse :
> Arte, dolis, verbis ita conformare laboras.

12. Dicitur *cadens*, cum in eadem constructione duo vel plura sunt verba que isdem casibus efferuntur, hoc modo :

> Cervices comitum meritorum transvolat alis;
> Hic homo clarus avis, animo pius, ore venustus.

13. *Similiter desinens* est cum etiam si casus non insunt verbis, tamen similes sunt exitus, hoc modo :

> Leniter exultas, leviter das, turpiter erras.
> Consulis iniuste, loqueris male, ludis inique.

14. *Commixtum* est in quo duo commixta supradicta conveniunt, hoc modo :

> Scis turbare duces, dare strages, urere naves,
> Prava sequi, perversa loqui, tormenta minari.

15. *Annominatio* ad idem verbum acceditur mutatione litterarum vel ad res dissimiles similia verba accommodantur, sic :

> Omnis amans amens est, omnis cura cor urens;
> Est onus omnis honor, est lignum culpa malignum.

16. *Sabiectio* est cum querimus quid ab abversariis-contra nos dici possit vel non, deinde subicimus id quod oportet dici, vel non, hoc modo :

> Aufugiam? capiar. Clamem? non audiat : Hostem
> Aggrediar? vincet. Superest ut numine vincam.

17. *Gradatio* est in qua non ante ad consequens verbum descenditur quam ad superius concessum est :

> Mel video : visum cupio; contingo cupitum;
> Tactum laudo; paro laudatum; gusto paratum.

18. *Diffinitio* est que rei alicuius proprias complectitur proprietates breviter et absolute, hoc modo :

> Prodigus est effusor opum. Servator earum
> Parcus. Qui recte dispensat singula, largus.

19. *Transitio* est que cum ostendit breviter quid dictum sit, proponit item breviter quid consequatur, hoc modo :

> Depinxi breviter quod claruit ille tropheus,
> Que titulis merces debetur dicere restat.

20. *Correctio* est que tollit id quod dictum est et pro eo quod magis idoneum videtur reponit, hoc modo :

> Oris te roseus decorat color; immo decorat.
> Te gratam reddit oculo Venus : immo venustas.

21. *Occupatio* est cum dicimus nos pretermittere aut nescire, aut nolle dicere id quod maxime nos dicimus, hoc modo :

> Transeo quod linguam doceas ad iurgia : cedes
> Pretereo; taceo periuria; furta relinquo.

22. *Disiunctio* est cum eorum de quibus dicimus aut utrumque aut unumquodque certo concluditur verbo, sic :

> Aut senio forme florentis gratia marcet,
> Aut macie teritur, aut morbo saucia languet.

23. *Coniunctum* est cum interpretatione verbi superiores partes orationis et inferiores comprehenduntur, hoc modo :

> Denigrat forme decus aut pallor maciei,
> Aut livor senii, vel labes invida morbi.

24. *Adiunctum* est cum verbum quo res comprehenditur non interponimus, sed aut primum aut postremum collocamus, hoc modo :

> Morbo, vel curis, vel tempore forma liquescit,
> Offuscat speciem morbus, vel cura, vel etas.

25. *Conduplicatio* est cum ratione amplificationis aut miserationis unius aut plurium verborum imitatio fit, hoc modo :

> Improbe, quid tractas scelus? improbe, nonne vereris?
> Intuitus speculum divini nonne vereris?

26. *Interpretatio* est que non iterans idem redintegrat verbum, sed ad id continuat quod oppositum est alio verbo quod idem valet, hoc modo :

> In te virgineum doleo marcescere florem,
> Rapta tibi doleo sincere lilia carnis.

27. *Continuatio* est cum due sententie dissone ex transiectione ita efferuntur ut a priore posterior contraria priori proficiscatur, hoc modo :

> Id quod amas est spernendum, quod spernis amandum,
> Cum soleas reticenda loqui, reticere loquenda.

28. *Dubitatio* est cum querere videatur orator utrum de duobus potius aut pluribus potissimum sit, hoc modo :

> Quali depingam te nomine, nescio : furem,
> Sive feram dicam? tibi concivit illud et illud.

29. *Dissolutam* est quod coniunctionibus verborum ex medio sublatis, separatis partibus, effertur, hoc modo :

> Necte caput violis, pectus depinge monili,
> Da manui cytharam, digitos accende smaragdis.

30. *Precisio* est cum dictis quibusdam reliquum quod ceptum est dici audientium iudicio relinquitur, sic :

> Quid, miser, arrides, quid sacra nocte lupanar
> Furtim, cum gladio...? si prosequar omnia, turpe est.

31. *Conclusio* est que brevi argumentatione ex his que ante dicta sunt aut facta conficit que necessario sequantur, hoc modo :

> Vincere si Grecus nequit absque Sinone, nec armis,
> Sed valet arte Sinon : ars ergo causa triumphi.
> Verborum restant bis quinque monilia, quorum
> Maiestas linguam multo festivius ornat.
> Radix ista decem flores istos parit : unum
> Quippe genus ducunt et eumdem pene decorem;
> Hos sua nobilitas a vulgari rapit usu,
> Ne denigret eos vilis mixtura colorum.
> Propter tam celebrem causam non sunt aliorum
> Intexti numero, quia plus venantur honoris.

32. *Nominatio* est que admonet ut cuius rei nomen idoneum non sit, eam idoneo verbo nominemus, hoc modo :

> Hoste ruente, meas vigiles fragor impulit aures;
> Hic est pro strepitu fragor, et rude nomen honorat.

33. *Pronominatio* est que sicuti cognomine quodam extraneo demonstrat id quod suo nomine non potest dici, hoc modo :

> Fulgoris radios Phebi soror inundat astris.
> Cum dico Phebi soror, hic intellige lunam.

34. *Denominatio* est que a rebus propinquis trahit orationem qua intelligatur res que non suo vocabulo vocatur, hoc modo :

> Te fors non ditat, Pan non arridet ovili,
> Mensa sitit Cererem, Bacchus non ludit in ere.

35. Hic ponitur *inventor pro invento*, hoc modo :

> Palladiam decuit studii flos aureus urbem :
> Urbis Palladie designat nomen Athenas.

36. Hic ponitur *inventum pro inventore*, hoc modo :

> Stultus qui segeti, stultus qui supplicat uve :
> Per segetem Cererem, Bacchum designo per uvam.

37. Hic ponitur *instrumentum pro domino*, hoc modo :

> Gypse sollempnem referunt ex hoste triumphum.
> Per gypsas horum latores exprimo Gallos.

38. Hic ponitur *id quod fit pro eo quod facit*, hoc modo :

> Hos Thetis impellit, illos Bellona molestat.
> Pro pelago Thetis est ibi, pro bello dea belli.

39. Hic ponitur *id quod facit pro eo quod fit*, hoc modo :

> Bruma recedit iners ad verni temporis ortum.
> Bruma vocatur iners, hominem quia reddit inertem.

40. Hic ponitur *continens pro contento*, hoc modo :

> Flandria deliciis, doctrinis Gallia floret;
> Flandria designat Flandrenses, Gallia Gallos.

41. Hic ponitur *contentum pro continente*, hoc modo :

> Errat qui mentis radicem plantat in auro.
> Auro divitias ibi, non designo metallum.

42. *Circuitio* orationem simplicem assumpta circumscribens elocutione, hoc modo :

> Lucis candorem solaris circulus ornat;
> Nocturnas tenebras speculum lunare serenat.
> Rem nudam talis verborum purpura vestit;
> Quamvis res simplex, proprio fit grata decore.
> Possent simpliciter lux, sol, nox, luna placere,
> Sed plus fulgoris res circumscripta meretur.

43. *Transgressio* est que verborum perturbat ordinem, et rem non reddit obscuram, hoc modo :

> Virgineo vite debentur premia flori,
> Carnem ni Veneris denigret carbo pudicam.

44. *Superlatio* est oratio superans veritatem alicuius, augendi minuendive causa, hoc modo :

> Pulchrior est facies tua flore, caro tua lacte,
> Frons nive, dens ebore, manus argento, caput auro.

45. *Intellectio* est quando ponitur pars pro toto, hoc modo :

> Equora puppis arat vento ridente secundo.
> Cum dico puppim, totam simul exprimo navem.

46. . . . . . Vel quando totum ponitur pro parte, hoc modo :

> Sol nostras penetrat roseo fulgore penates.
> De radiis aliquem solari nomine signo.

47. . . . . . Vel quando plura ponuntur pro uno, hoc modo :

> Virgineos vultus lacrimis undare videmus.
> Pluralem numerum pro vultu simplice pono.

48. . . . . . Vel quando unum ponitur pro multis, hoc modo :

> Pingit stella polum, flos terram purpurat istam.
> Stellam pro stellis, pro floribus accipe florem.

49. *Abusio* est que verbo simili et propinquo proprio abutitur, hoc modo :

> Parva statura, breves vires, oratio magna,
> Consilium longum, mens est sublimis in isto.

50. *Translatio* est cum verbum in quamdam rem transfertur ex alia re que propter similitudinem videbitur posse transferri, hoc modo :

> Ver ridet, pubescit humus, pratum iuvenescit,
> Floribus arridet Zephirus, flos singula pingit.

51. . . . . . Fit enim rei causa ponende ante oculos, hoc modo :

> Hoc scelus, hec pestis, hec impietas, furor iste
> Nostrum conclusit subita formidine regnum.

52. . . . . . Brevitatis causa, hoc modo :

> Extinxit subito presentia militis urbem,
> Principis adventus mox vestras obruit arces.

8.

53. . . . . . . Obscenitatis vitande causa, hoc modo :

Ecce puer cuius non cessat nubere mater,
Cuius adit thalamos novus omni tempore sponsus.

54. . . . . . Augendi causa, hoc modo :

Urbis nullius cumulata molestia, vestrum
Aut explere potest scelus, aut satiare furorem.

55. . . . . . Minuendi causa, hoc modo :

Hic homo paulisper aspirans rebus in illis
Famam venali se credidit inde perhennem.

56. . . . . . Gravandi causa, hoc modo :

Si timeat latrare canis, rabieque ferina
Evolet ad predam : quis erit defensor ovilis ?

57. . . . . . Per argumentum ornandi, hoc modo :

Res quas permisit marcescet culpa nocentum,
Has iterum fecit virtus florere bonorum.

58. . . . . . Item ornandi causa, vel pingendi, hoc modo :

Aut roseas parit illa rosas, argentea gignit
Lilia, fert violas dulci ferrugine tinctas.

59. *Permatatio* est oratio aliud verbis, aliud sententia demonstrans, hoc modo :

Istam defuscat nitor, hanc deturpat honestas ·
Non ibi verba sonant quod ibi sententia clamat.

60. . . . . . Per contrarium, hoc modo :

O quam sobria mens que Baccho servit et escis!
O quam larga manus que nummis servit et auro!

61. . . . . . Per similitudinem, hoc modo :

En Paris alter adest, ut mentitur decor oris;
Tideus ecce novus, ut dextra fatetur et ensis.

Expliciunt colores verborum.

INCIPIUNT COLORES SENTENTIARUM.

Pagina que sequitur sensu fecunda laborat
Alludens etiam miro splendore legenti.

62. *Distributio* est cum in plures res aut personas negotia quedam certa dispertiuntur, hoc modo :

Iudicis est punire reos, regis dare leges,
Vulgi iussa sequi, questoris querere causas.

63. *Diminutio* est cum aliquid esse in nobis dicemus egregium, quod ne qua significetur arrogantia diminuitur oratione, hoc modo :

Noster ad hoc animus vigilavit ut inter amicos
Non in postremis sortirer laudis honorem.

64. *Expolitio* est cum in eodem loco manemus, et aliud atque aliud dicere videmur, hoc modo :

Aurifluus torrens votum non implet avari;
Parcus adhuc sitiet, rivos licet ebibat auri.

65. *Contentio* est per quam contrarie referuntur sententie, sic :

Hunc hilarem reddunt fortune nubila nostre,
Nobis incutiunt huius tormenta dolorem.

66. *Exemplum* est cuiusdam facti aut dicti preteriti cum certi auctoris nomine proposito, hoc modo :

Solam mendicat verborum purpura famam,
Tullius ipse sibi nil venatur nisi laudem.

67. *Imago* est forme collatio cum forma, cum quadam similitudine, hoc modo :

Sic volat ad pugnam currens ut dama, iubatus
Ut draco, fervescens ut aper, pennatus ut ales.

68. *Effectio* est cum effingitur et exprimitur verbis cuiuspiam fórma quoad satis sit ad intelligendum, hoc modo :

> Hic de quo loqueris est pallidus ore, capillo
> Subcrispus, titubans pede, levo tortus ocello.

69. *Notatio* est cum alicuius natura certis describitur signis, que sicuti note quedam nature sunt attributa, hoc modo :

> Marca tuos oculos si sepius allicit, aurum
> Si tangis, laudas, rapis, inde notaris avarus.

70. *Descriptio* est que rerum consequentium continet perspicuam et lucidam cum gravitate expositionem, hoc modo :

> Lex ni puniat hunc, hic legem destruet, urbem
> Opprimet, extinguet pacem, non parcet egenis;
> Hoc foris emuncto cessabuut bella, quiescent
> Iurgia, florebit regio, pax integra fiet.

71. *Frequentatio* est cum res in tota causa disperse coguntur in unum, hoc modo :

> O miser, ecce quidem qua non sis labe notatus,
> Dirus es, infamis, fur, raptor, proditor atrox,
> Nummorum cupidus, destructor iuris, amator
> Illecebre, morum contemptor, criminis auctor.

72. *Similitudo* est oratio traducens ad rem quampiam aliquid simile ex re dispari, hoc modo :

> Sicut hirundo redit cum tempus ridet amenum,
> Brumalesque minas si senserit, excutit alas,
> Sic mereor plures dum floreo rebus amicos :
> Si nigram videant hiemem, volitant procul omnes.

73. *Conformatio* est cum persona que non adest fingitur quasi adsit, ut cum muta res fit eloquens, et forma et oratio ei accommodatur ad dignitatem, hoe modo :

> Iure loqui sic Roma potest : Ego splendida quondam
> Deliciis, stellata viris, famosa triumphis,
> Quam romana manus multis contexuit annis,
> Ecce ruo; data sum cineri, sum tradita flamme.

74. *Significatio* est res que plus in suspicione relinquit quam dicitur; ea fit per exuperationem, cum plus dicitur quam patitur veritas, augende suspicionis causa, hoc modo :

> De tantis opibus quibus olim floruit iste
> Non ipsi superest vas in quo deferat undam.

75. . . . . . Per ambiguum, cum verbum potest in plura accipi, sed accipitur sicut vult is qui dixit, hoc modo :

> Qui multum cernis tu prospice, scire labora;
> Tu qui plurima scis, audi tu qui satis audis.

76. . . . . . Per sequentiam, cum res que sequuntur dicunt aliquam rem ex quibus tota res relinquitur in suspicione, hoc modo :

> Tu ne michi loqueris? Cuius pater hunc habet usum
> Non digitis, immo cubitis emungere nasum.

77. . . . . . Per abscissionem concipimus aliquid, deinde prescendimus, et ex hoc fit suspicio, hoc modo :

> Qui domui vidue lacrimantis, nocte sacrata,
> Nuper in hac specie : non est opus omnia dici.

78. . . . . . Per similitudinem, cum re simili allata nichil amplius dicimus, sed significamus, hoc modo :

> Te non extollat famosi sanguinis ortus,
> Multi quippe iacent quos clara beavit origo.

79. *Divisio* est que rem semovens a re, utramque solvit orationem subiecta, hoc modo :

> Hinc decor, inde pudor duplici te laude venustant,
> Ridet in ore decor, pudor est in corpore florens.

80. *Brevitas* est res ipsis tantummodo verbis necessariis expedita, hoc modo :

> Querit amor Paridem, vult Tindaridem, rapit illam,
> Res patet, hostis adest, pugnatur, Pergama cedit.

81. *Compar* dicitur quod habet in se membra orationis de quibus ante dicimus, que constant ex pari numero sillabarum, hoc modo :

> Turba colorum, plebs violarum, pompa rosarum[1]
> Induit hortos, purpurat agros, pascit ocellos.

XXXII. A la suite de ce traité se trouve le fameux poème *De contemptu mundi*, de Bernard de Morlas, qui a été imprimé tant de fois depuis 483 (fol. 55 v°). Cf. *Histoire littéraire de la France*, t. XII, p. 236-243. Il est précédé d'une très curieuse dédicace à Pierre le Vénérable, abbé de Cluny. — L'œuvre entière de Bernard de Morlas mériterait une étude spéciale.

Incipit Prologus : Domino et patri suo P. dignissimo abbati Cluniacensium fratrum, B. eius filius.....

Explicit Prologus : Incipiunt versus de contemptu mundi. Liber primus.

> Hora novissima, tempora pessima sunt, vigilemus[2].

La rubrique manque au commencement du second livre,

Incipit : Aurea tempora, primaque robora preterierunt[3].

Liber secundus explicit; liber tertius incipit :

> Perdita secula moribus emula prevaluerunt[4].

De contemptu mundi liber tertius Bernardi Morvalensis explicit.

XXXIII. Une pièce satirique, sans rubrique, faussement attribuée à saint Bernard, sur la foi du ms. 372 de Douai[5] (provenant de l'abbaye d'Anchin), où elle se trouve sous ce titre : *Versus de multimodis erroribus humanæ mutabilitatis et de bonitate, Domini Bernardi, venerabilis abbatis de Claravalle.* Ces vers, d'une facture bizarre, doivent se lire, d'un bout à l'autre, d'une manière spéciale : un mot du premier vers, un mot du second; un mot du premier, un mot du second,

---

[1] Ces vers doivent se lire ainsi : *Turba colorum induit hortos*, etc.

[2] Le premier livre a 978 vers.

[3] Le second livre a 974 vers.

[4] Le troisième livre a 914 vers.

[5] Tome III, fol. 131.

et ainsi de suite. Nous en verrons une autre copie d'une autre main,
dans notre ms., au fol. 86 v°. Ils se trouvent aussi dans les mss. 246
D de Charleville, 437 de Cambrai, 1948 de Munich. Ce n'est en
réalité qu'un « fragment d'un assez long discours, et ce discours appartient, sauf quelques changements, à la vie de saint Bertin, par l'abbé
Simon, *Vita sancti Bertini metrica*, que M. Morand a récemment publiée
d'après un ms. de Boulogne-sur-mer. On croit savoir que Simon, abbé
de Saint-Bertin, fit son poème entre les années 1136 et 1148. »
(Hauréau, *Journal des savants*, mai 1882, troisième article sur « Les
poèmes latins attribués à saint Bernard. » (Fol. 77 r°; 36 vers.)

Incipit : Flete, perhorrete, lugete, pavete, dolete,
Flenda, perhorrenda, lugenda, pavenda, dolenda.

XXXIV. *De excidio Romani imperii.* Ce poème est ici sans nom d'auteur. D'après une note qui m'a été remise par M. Hauréau, si com-
pétent en ces sortes de choses, il doit être de Pierre le Peintre, fils
de Jean, chanoine de Saint-Omer. « Ce poète, dont quelques pièces,
bien que peu littéraires, sont néanmoins intéressantes, a été réduit
presque à rien par Beaugendre, qui a paré Hildebert de ses dépouilles. »
(Cf. *Notices*, etc., Hauréau, t. XXVIII, p. 345, 346; *Hist. litt.*, t. XI,
p. 373.) (Fol. 77 v°.)

PROLOGUS.

Transit honor temporalis, labat rerum firmitas,
Omnis labor huius vite reputatur inanitas.

Prudentibus.

Celsa cadunt, ima surgunt, interit antiquitas,
Novus homo nova querit, placet omnis novitas.

Ingentibus.

Rara virtus in hoc mundo, rara paret bonitas,
Verus amor, vera fides, vera non est caritas.

Viventibus.

Mss. de Saint-Omer.   9

Omne caput elanguescit, membris est debilitas,
Perierunt medicine, non est ultra sanitas.

Languentibus.

Prebet meis fidem dictis rei testis veritas,
Et romana de qua scripsi carmen novum civitas.

Legentibus.

DE EXCIDIO ROMANI IMPERII.

Incipit : Roma potens quondam, caput orbis, honor regionum,
Ambitione mala modo fit spelunca latronum[1].

XXXV. *De tribus malis mundi.* Cette pièce anonyme, en vers rimés en flèche (excepté les quatre premiers et les trois derniers), doit être aussi attribuée à Pierre le Peintre, chanoine de Saint-Omer, d'après M. Hauréau. (Fol. 78 v°; 191 vers.)

Incipit : Tribus malis agitatur vita presens et gravatur,
Trina peste moribundus diu languet totus mundus.
Illa tria subnotavi, quam sint mala demonstravi.
Omnibus asperior est hostibus hostis egestas,
Hanc metuit pauper, tremit omnis in orbe potestas.

XXXVI. Un fragment de 22 vers de la pièce que nous retrouverons plus tard, au fol. 114 v°, n° LXXV, sous la rubrique : *Hec est fides catholica de Essentia divina*, où elle est complète (56 vers). Cette pièce, plusieurs fois publiée, entre autres, en 1501, sous le nom de saint Bernard, puis par Mabillon, dans les œuvres apocryphes de ce Père de l'Église, ensuite par Beaugendre, sous le nom d'Hildebert (col. 1344), mais avec un doute (cf. *Hist. litt.*, t. XI, p. 389), n'est en effet ni de l'un ni de l'autre. « Elle est de Pierre le Peintre. Nous la rencon-

---

[1] La pièce a 132 vers. Les 64 premiers, qui semblent former un tout à part, se retrouvent dans le ms. 61 de Saint-Omer (XIIIᵉ siècle), provenant également de l'abbaye de Clairmarais.

trons d'abord sous son nom dans le n° 8865 (fol. 155) de la Bibliothèque nationale; de plus, elle est dans le n° 16699[1] de la même
Bibliothèque (fol. 174), sans nom, mais parmi d'autres œuvres dont
Pierre le Peintre est l'auteur certain. La question est ainsi résolue. »
(Hauréau, *Notices*, etc., t. XXVIII, p. 345.) Cet argument est ren-
forcé encore par la place que ce fragment occupe dans notre ms., à la
suite de deux pièces qui sont de Pierre le Peintre. Il n'y a rien d'étonnant qu'un copiste postérieur l'ait transcrite au complet à la fin du
volume de Clairmarais, puisque c'était l'œuvre d'un homme du pays.
Cependant, dit M. Hauréau, « ces 56 vers sur la Trinité, finissant tous
par *esse*, peuvent s'appeler un poème folâtre. En effet, cela n'a rien
de sérieux. Tout l'art du versificateur, si c'est un art, consiste à rame-
ner tant bien que mal, à la fin de chaque hexamètre, ce petit mot
esse, et, comme il n'est pas d'un emploi difficile, le tour de force
n'étonne pas beaucoup. » (Fol. 79 v°.)

Incipit : Orthodoxa fides personas tres docet esse.

XXXVII. Un fragment, sans rubrique, du poème célèbre publié
tant de fois, et entre autres par Beaugendre (*Opera Hildeberti*, col.
1344) sous le titre : *Hildeberti, de Exilio suo*. M. Hauréau en a donné
un texte, corrigé d'après les mss. 7596 A, 14194 et 15155 de la
Bibliothèque nationale. Il a 90 vers, tandis que notre ms. s'arrête après
le vers 42. C'est un des plus beaux morceaux que nous offrent les
recueils du XIIe et du XIIIe siècle. On le trouve dans le ms. 215 de
Troyes (XIIe siècle), provenant de Clairvaux, avec le titre : *Versus Hildeberti de exilio suo;* dans le ms. 690 de Douai (XIVe siècle), avec le
même titre; dans le ms. 344 de la reine Christine, au Vatican
(XIIe siècle), avec le titre incomplet et vague : *De Fortuna.* (Cf. *Hist.
litt.*, t. XI, p. 390; Hauréau, *Notices*, etc., t. XXVIII, p. 346; t. XXIX,
p. 341.) (Fol. 79 v°; 42 vers.)

Incipit : Nuper eram locuples, multisque beatus amicis.

---

[1] Ce ms., de la fin du XIIe siècle, provient de la Sorbonne.

9.

XXXVIII. Une série de petites pièces, très courtes, sur des sujets religieux, au nombre de 63, et occupant huit colonnes; quelques-unes n'ont pas de rubrique, toutes sont anonymes. (Fol. 80 r°.)

J'ai particulièrement remarqué les suivantes :

A. *Quare in natale Domini tres missæ celebrantur.* Ces six vers, que l'on rencontre dans un très grand nombre de mss., ont été publiés deux fois par Beaugendre, sous le nom d'Hildebert (col. 1155 et 1350) : c'est une erreur; ils sont du chanoine de Saint-Omer, Pierre le Peintre. (Cf. Hauréau, *Notices*, etc., t. XXVIII, p. 357-361.)

Incipit : In natale sacro sacrę sollempnia missę.

B. *De Sacramento altaris.* (32 vers.) C'est un fragment du poème d'Hildebert intitulé dans quelques mss. :*Versus de mysterio missæ*, etc., qui a été souvent publié, entre autres par Beaugendre (col. 1135) (cf. *Hist. litt.*, t. XI, p. 366 et suivantes). Seulement l'éditeur a eu le tort de placer à la fin du poème ces 32 vers qui en sont plutôt le prologue, et qui se trouvent en tête dans le ms. 1748 de Troyes (xiiie siècle).

Incipit : Tollimur e medio fatis urgentibus omnes.

C. *De coniugio.* Cette pièce a été publiée par Beaugendre dans les Œuvres d'Hildebert (col. 1349), et elle semble bien être de lui. M. Hauréau en a donné un meilleur texte (*Notices,* etc., t. XXVIII, p. 355). On la trouve dans un grand nombre de mss.; elle a 40 vers.

Incipit : Affines, consanguineos, connubia prima.

D. *Epitaphium magistri Petri Comestoris.* Ces quatre vers qui, dans notre ms., ont été ajoutés pour finir la dernière colonne du onzième quaternion, sont de la même main que les quaternions suivants (12, 13 et 14). Ils sont, non d'Hildebert, comme on l'a dit, mais de Pierre Comestor lui-même. Ils ont été souvent imprimés.

Incipit : Petrus eram quem petra tegit, dictusque Comestor.

XXXIX. Six petites pièces de différents auteurs (fol. 84 r°). La première, en hexamètres rimés en flèche, est sans rubrique.

A. Cette pièce, très médiocre, commence ainsi :

> Adam, primus homo, sine mortis lege creatus,
> Intulit ex pomo mordens mox dampna reatus.

Elle a 52 vers ; voici les deux derniers :

> Ergo mitologi nec non et mitologia
> Amodo teologi fiant et teologia.

B. *De ligno scientie boni et mali.* (26 vers.) Cette pièce a été publiée par Beaugendre dans les œuvres de Marbode (col. 1573).

Incipit : Ligna voluptatis plantaverat apta beatis.

C. *Versus de Joseph.* (22 vers.) Cette pièce, publiée par Beaugendre dans les Œuvres d'Hildebert (col. 1360), est assez médiocre, quoi qu'en disent les auteurs de l'*Histoire littéraire* (t. XI, p. 394). Elle est différente de celle que nous avons rencontrée plus haut, dans le *Floridus aspectus* (XXX, 8°), et ne semble pas être d'Hildebert. (Cf. Hauréau, *Notices*, etc., t. XXVIII, p. 375.)

Incipit : Patre vocante Joseph, venit hic : pater imperat illi.

D. *Cur Deus homo.* (18 vers.) Cette pièce que l'on trouve dans un grand nombre de mss., souvent sans nom d'auteur, est d'Hildebert ; elle a été publiée dans ses œuvres par Beaugendre (col. 1332). Il y en a deux éditions récentes : la première est de M. Mangeart, d'après le ms. 145 de Valenciennes (*Catalogue des mss. de la bibliothèque de Valenciennes*, gr. in-8°, 1860, p. 129) ; la dernière est de M. Hauréau (*Notices*, etc., t. XXVIII, 1878, p. 324). Il y a quelques variantes dans ces deux textes.

Incipit : Adę peccatum quę conveniens aboleret.

E. *De Baptismo.* (20 vers.) Cette pièce est le second chapitre d'un petit poème en trois parties, intitulé : *De fine data ritibus judaïcis;* nous avons vu le troisième (*de coniugio*) plus haut (XXXVIII, C) : c'est le plus intéressant. Beaugendre a négligé celui-ci, bien qu'il eût été publié sous le nom d'Hildebert, et à juste titre, par Hommey (*Supplementum Patrum*, p. 444). M. Hauréau l'a donné de nouveau (*Notices,* etc., t. XXVIII, p. 354), en supprimant les deux premiers vers qui, dans un certain nombre de mss. (notamment dans le nôtre), se trouvent au commencement, quand ils doivent être à la fin de l'œuvre, qu'ils résument :

> Hostia, coniugium, baptismus, qualia primo,
> Talia nunc; res ipsa redit, evanuit umbra.

> *Incipit :* Diluvium speciem baptismi gessit, et unda
> Abluit excessus undis quandoque lavandos.

F. *De resurrectione Lazari.* (27 vers.) Cette pièce a été publiée par Beaugendre dans les œuvres de Marbode (col. 1577).

> *Incipit :* Auxilium Xpristi vultu rogat anxia tristi.

XL. *Quod femina et aurum et honos subvertunt mentes hominum.* (Fol. 85 r°.) Cette pièce satirique très curieuse se trouve dans un grand nombre de mss. et a été publiée plusieurs fois, tantôt sous le nom de Philippe, abbé de Bonne-Espérance, tantôt sous le nom de Marbode, tantôt sous le nom de Matthieu de Vendôme, et enfin sous celui d'Hildebert (Beaugendre, col. 1353). M. Hauréau a démontré péremptoirement que c'est à ce dernier qu'elle appartient, et il en a donné une édition plus correcte que celles que nous avions déjà (*Notices,* etc., t. XXVIII, p. 365 et suivantes). Elle a 72 vers dans notre ms., 64 seulement dans Beaugendre, et 68 dans le texte de M. Hauréau. Les deux derniers vers, d'après lui, sont :

> Sustinet hic gladios in patrem ferre, nec unquam
> Fraude, cruore, dolis, mens, manus, ora vacant.

Mais si le poème ne lui paraît pas complet, il rejette, comme n'étant pas d'Hildebert, le distique qui se trouve à la fin dans le ms. 749 de Douai (XIIIᵉ siècle), provenant de l'abbaye de Marchiennes.

> Femina nulla bona, quod si bona contigit ulla,
> Nescio quo pacto res mala facta bona est.

On a coutume, dit-il, d'attribuer ce distique soit à Pentadius, soit à Quintus Cicéron. Or il se retrouve dans notre ms., mais d'une façon qui corrobore l'argumentation de M. Hauréau. Après les deux derniers vers, cités plus haut (*sustinet hic gladios*, etc.), sont deux hexamètres qui évidemment ne font pas partie de la pièce qui est en distiques; ils s'en distinguent par un §, qui indique bien une adjonction faite par le scribe.

> §. Pro nimia specie fuit uxor funus Uriɇ :
> Coniuge pro pulchra metuat iam quisque sepulchra.

C'est une paraphrase du 23ᵉ vers de la pièce :

> Femina mente Parim, vita spoliavit Uriam.

Puis viennent deux hexamètres et un distique avec la même indication :

> §. Aut amat, aut odit : medium non femina novit;
> Est nichil in mundo, quod tantum gaudeat ulto.
> Femina nulla bona; quod si bona contigit ulla,
> Nescio quo pacto res mala facta bona est.

Ces vers ont été ajoutés parce qu'ils étaient dans le ton de la pièce précédente, mais ils ne lui appartiennent pas.

On peut même croire que la pièce a été plus ou moins altérée par les copistes qui ont pris ailleurs des vers sur le même sujet sans s'inquiéter de la différence visible de métrique. Ainsi, dans le ms. 710 de Saint-Omer (commencement du XIVᵉ siècle), nous avons les premiers vers de la pièce (vers 1-28) :

> Plurima cum soleant mores evertere sacros
> . . . .
> Quo lex, quo populus, quo simul ipsa ruit.

À la suite, sans indication aucune de changement, sont treize vers empruntés au second livre du *De contemptu mundi* de Bernard de Morlas, et ce ne sont pas les moins violents :

> Femina nutibus, artibus, actibus impia suadet,
> Cogere crimina totaque femina vivere gaudet.
> Nulla quidem bona; si tamen et bona contigit ulla,
> Est mala res bona, namque fere bona femina nulla.
> Femina res rea, res male carnea, vel caro tota,
> Strenua perdere, nataque fallere, fallere docta.
> Fossa novissima, vipera pessima, pulchra putredo,
> Semita lubrica, res male publica, predaque predo;
> Horrida noctua, publica janua, dulce venenum,
> Nil bene conscia, mobilis, impia, vas lue plenum,
> Vas minus utile, plus violabile, flagitiosum,
> Insociabile, dissociabile, litigiosum,
> Merx lue vendita sed cito perdita, serva metalli.

Du moment que le copiste se complaisait à reproduire cet amas d'invectives grossières, il aurait pu continuer : Bernard de Morlas lui en fournissait amplement la matière.

XLI. *De fraudulenta muliere.* (Fol. 85 v°; 80 vers.) C'est une pièce satirique dans le même genre et dans le même esprit que la précédente. Elle paraît être composée de fragments divers, et la fin est empruntée au second livre du *De contemptu mundi* de Bernard de Morlas.

La première partie est en vers léonins, la seconde en vers rimés. En voici le commencement et la fin :

> Libris inspectis tociens, tociensque relectis,
> Nil in eis legere possum peius muliere,
> Et fateor verum, nil peius in ordine rerum.
> Unde sciam, quæris? exemplis instruo veris.
> Primo per veterem mors nos adiit mulierem,
> Quæ fructum vetitum suasit gustare maritum,
> De quorum nevo mors nostro manat in ævo.
> Ut venit evelli mors nescia, nescia pelli.

Femina res fragilis, res atra, miserrima, vilis;
Semper deludens homines et fallere prudens; ·
Artibus aucta malis naturę femina talis.
Si quis ei servit, magis et magis ipsa protrivit.
Femina plena dolis : sapiens, huic credere nolis;
Quin tu vel flentem caveas, risusque moventem;
Quę si tristis erit, tunc te subducere quęrit.
Quod si lętatur, tunc multo magis caveatur.
§ Hęc mala disserere placuit nos de muliere,
Quę nos nostrumque tam sępe fefellit utrumque;
Ut super et numerum, volumus si dicere verum,
Rex sine fine tamen huic subveniat Deus. Amen.
§ In terra bellum, destructio, mors dominatur;
Femina sępe parit iram, mors hanc comitatur.
. . . .
Femina pessima, femina sordida, digna catenis;
Mens mala conscia, mobilis, impia, plena venenis.

A la suite de cette satire, et indiquées par ce simple signe §, se trouvent trois petites pièces tout à fait différentes.

A. La première, composée de 10 vers, est la fin d'une pièce plus longue que nous verrons au n° LXXI.

Incipit : Presul amabilis et venerabilis Hugo Diensis.

Elle a été publiée par Wattenbach (*Anzeiger*, 1873, col. 100).

B. La seconde (10 vers), sans rubrique, est relative au climat de la Macédoine.

Incipit : Regis Alexandri regio Machedonia magni
Montem pene suum cęlo coniungit Olimpum.

C. La troisième (17 vers) est la vision de saint Eucher, évêque d'Orléans (718-738). (Edid. Waitz, *Neues Archiv.*, t. IV, p. 599.)

Incipit : Pręsulis Eucherii manifestat visio sancti
Aurelianensi qui dudum pręfuit urbi.

Mss. de Saint-Omer.   10

XLII. Quatre petites pièces anonymes. (Fol. 86 r⁰.)

A. La première est sans rubrique et a huit vers.

Incipit : Dum belli sonuere tubę violenta peremit
Hypolite tentranta, lice clomon, hebalon arce.

B. *De ambitione reliquiarum non sanctarum Albini et Rufini.* Un seul
distique satirique.

Martyris Albini seu presulis ossa Rufini
Romę si quis habet, quod volet efficiet.

C. *De quodam promiscuo.* Cette fameuse épigramme sur l'Hermaphrodite, tant de fois publiée et attribuée à différents auteurs, semble
être d'Hildebert, comme l'a pensé Beaugendre (*Hildeberti opera*, col.
1369). Son opinion est confirmée par les auteurs de l'*Histoire littéraire* (t. XI, p. 397) et surtout par M. Hauréau (*Notices*, etc., t. XXVIII,
p. 388-392).

Incipit : Cum mea me mater gravida gestaret in alvo.

D. *Ad sublimem personam.* Satire de 12 vers.

Incipit : Cum vobis dederit sors quicquid homo sibi quęrit,
Gazas, ętatem, personam, nobilitatem.

XLIII. *Epistola Odoni.* (Fol. 86 v⁰.) Quel que soit le personnage à
qui cette élégie est adressée, ou Odon, le prieur de Cluny, qui devint
pape, sous le nom d'Urbain II, ou Odon, cardinal et évêque d'Ostie,
cette pièce est très remarquable et semble bien devoir être attribuée
à Hildebert. (Cf. Beaugendre, *Hildeberti opera*, col. 1333; *Hist. litt.*,
t. XI, p. 387; Hauréau, *Notices*, etc., t. XXVIII, p. 328-330.) 24 vers.

Incipit : Moribus, arte, fide, cęlesti pectore dignus .
Cum superes alios, desipis Odo tamen.

XLIV. *Versus de miseria hominis*[1]. (Fol. 87 r⁰.) C'est l'épitaphe d'Adam

---

[1] Avant cette pièce se trouve une seconde copie de celle que j'ai indiquée au
n° XXXIII : *Flete, perhorrete,* etc.

de Saint-Victor, chanoine régulier de l'abbaye Saint-Victor de Paris,
et théologien, mort en 1177. Elle a été souvent imprimée. On a de
lui un certain nombre de proses rimées et quelques traités qu'on
lui conteste cependant, entre autres un *Dialogus de instructione animæ,
tractatulus multum utilis pro monachis*, qui se trouve sous son nom dans
le ms. 634 de Metz. (Cf. *Hist. litt.*, t. XV, p. 40-45.)

Incipit : Heres peccati, natura filius irę
   Exiliique reus nascitur omnis homo.

(18 vers; il n'y en a que 14 dans l'*Histoire littéraire*.)

XLV. *Confectio unguenti*. (Fol. 87 rᵒ; 14 vers.) C'est une recette
curieuse pour guérir la goutte (?). Elle a été publiée par Endlicher
(*Codic. philolog. Vindobonen.*, p. 188). Elle est en vers léonins et
rimés.

Incipit : Anser sumatur qui veteranus videatur;
   Mox deplumetur, et visceribus vacuetur.

XLVI. Neuf petites pièces anonymes et sans rubrique, d'une médiocre importance, et formant en tout 36 vers.
   Voici la première et la dernière.

Iudicii metuenda dies nescitur et instat,
   Quoque minus scitur, plus gerit illa metus.
Finis adest cuius certissima signa videmus
   Successisse malum deficiente bono.
A puero studet omnis ad hocque ducitur[1],
   Et si quis fuerit pellitur ede bonis.

Nec volo nec volui ditari turpiter unquam;
   Malo pauperiem, dum sit honesta, pati.
§. Ne sis securus, cras forsitan es moriturus.
§. Fac quod Xpistus amat dum pauper ad ostia clamat.

---

[1] Ce vers est faux dans le ms.

XLVII. Une pièce sans rubrique et anonyme, dont le sujet, quelque peu fataliste, est parfaitement indiqué par les premiers et les derniers vers. (Fol. 87 v°; 60 vers.)

Incipit : Quem vult indurat Deus, et cui vult miseretur;
Et donat cui vult, a quo vult debita poscit.

. . . .

Desinit : Vult clemens fieri, vult parcere, vult misereri,
Et cui parcere vult non est iustum reprobari,
Et non est iustum salvari perdere quem vult;
Sic cui vult donat, miseretur, sicque coronat.

XLVIII. Quatre pièces anonymes et sans rubriques. (Fol. 88 r°.) Ce sont des satires contre l'argent. La première est en hexamètres léonins; les trois autres sont en distiques.

A. In terra summus rex est hoc tempore nummus;
Nummum mirantur reges et ei famulantur.

. . . .

Pièce de 37 vers, d'une très grande violence. (Edid. Vackernagel, *Zeitschrift für deutsches Alterthum*, t. VI, p. 303.)

B. (12 vers élégiaques.)

Incipit : Hinc virtus abiit, terras Astrea relinquit,
Terga dedit pietas dando locum sceleri.

. . . .

Desinit : Sceptriger est crescens ex omni crimine nummus,
Omnia virtutis premia solus habens.

C. (22 vers élégiaques.)

Incipit : Si preter nummum te spes animat bona rerum,
Spem cassam pascis, plus et Oreste furis.

. . . .

Desinit : Olim philosophi fuerat spem spernere nummi,
Nunc nisi nummatus Plato foret fatuus.

D. Cette pièce est la plus courte, et je la reproduis tout entière : elle est sous forme d'apologue.

> Navigio secum prudens homo duxerat aurum,
> Quo si quicquid erat, hac vice vendiderat.
> Cum duce iam vento puppis raperetur in alto,
> Aurum quod duxit fluctibus imposuit,
> En, dicens, immum pete, dira cupido, profundum;
> Ne male me mergas te bene mergo prior.

XLIX. Une pièce anonyme et sans rubrique, en vers léonins, remplie de jeux de mots, et que l'on pourrait intituler : *De miseria hominis.* (Fol. 88 v°; 127 vers.)

> *Incipit :* Versor in hoc mundo sicut navis vel arundo,
> Quam rapit infestus hac, illac, ventus et estus.

On y trouve des vers comme ceux-ci :

> Nascimur ut simus, sumus ut pereamus, et imus
> Illuc unde sumus, quia terram terra subimus.

L. Une pièce anonyme et sans rubrique, en distiques. C'est une fable satirique que l'on pourrait intituler : *Le loup devenu moine et chanoine,* et qui est désignée sous le nom de *Luparius.* (Fol. 89 v°; 108 vers.) Elle est antérieure au XII⁰ siècle, et a été très répandue au moyen âge. Elle a été publiée par Flaccius (*De corrupto Ecclesiæ statu poemata,* p. 470) et par Grimm (*Reinhart Fuchs,* p. 410). M. Edelestand du Méril (*Poésies inédites du moyen âge,* p. 111) cite ces quatre vers,

> Ut videt Opilio captum pendere latronem,
> Mittit in hunc lapides, accelerando necem.
> Vulnera mille facit, lupus ut pereat lapidatus,
> Sed nequit expelli spiritus ille malus,

qu'il prend dans Leyser (*Historia poetarum et poematum medii ævi,* p. 2093), pour montrer que l'assimilation du diable avec le loup était complète au moyen âge. L'idée du loup se faisant moine se retrouve dans les vers d'un ms. daté de 1473, appartenant à la Bibliothèque de Vienne :

> Semper natura quemvis trahit ad sua iura;
> Fit lupus hic monachus, raptor ut ante fuit.
> Quando *pater noster* lupus affirmare volebat,
> Verbum non linquit, semper *lam, lam* lupus inquit.

Lamb signifie « agneau », en allemand et en anglais. (Cf. E. du Méril, *loc. cit.*, p. 157, note 1.)

> *Incipit :* Sepe lupus quidam per pascua lata vagantes
> Arripuit multas Opilionis oves.

LI. *Incipiunt versus Bede presbiteri de die iuditii.* (Fol. 90 r°; 158 vers.) Ces vers sont très connus, et publiés dans les œuvres de Bède. On les retrouve dans les mss. 306 (IXᵉ siècle) et 413 (XIIᵉ siècle) de l'École de médecine de Montpellier, 749 (XIIIᵉ siècle) de Douai, etc.

> *Incipit :* Inter florigeras fecundi cespitis herbas.

LII. *Tegma : Pecudes habunde fecundas diviti pauper vendere cum non vellet, egressum ad pascua pecori dives intercludit,* etc. A la suite de cette longue rubrique se trouve une version de la XIIIᵉ grande déclamation de Quintilien, *Apes pauperis,* qui s'écarte beaucoup plus de l'original que celle de Pierre Riga (ms. 1136 de l'Arsenal, fol. 35 r°). Ici nous avons *La réponse du riche,* qui est de l'invention du poète (fol. 91 r°; 148 vers), mais il ne nous donne pas *La sentence du juge.* On trouve cette pièce dans le ms. 6765 de la Bibliothèque nationale. Beaugendre l'a publiée sous le nom d'Hildebert (col. 1327); M. Hauréau croit devoir l'attribuer au moine Serlon (*Notices,* etc., t. XXVIII, p. 317-319). Peut-être mériterait-elle d'être publiée de nouveau.

> *Incipit :* Vestra peritia, dum regit omnia, sydera tangit.

LIII. Une autre pièce du même genre, en vers rimés, anonyme et sans rubrique. C'est une version de la VIIIᵉ grande déclamation de Quintilien, *Gemini languentes.* (Fol. 92 v°.) Je n'en connais pas l'auteur;

mais je crois devoir la reproduire ici tout entière : elle peut être un renseignement curieux pour ceux qui voudraient faire l'*histoire de la déclamation* au moyen âge.

> Roma duos habuit (res est non fabula vana,
> Auctores perhibent et pagina Quintiliana)
> Fuderit ut geminos labor unus parturiendi,
> Sic fuerant similes forma specieque videndi,
> Et sic miscuerat color unus utrumque decorum,
> Quod vox una foret discretio sola duorum.
> Quos sic nature manus ingeniosa potentis
> Finxerat ex anima vel corporeis elementis,
> Ut meminisse queat nichil in rerum genitura
> 10 Cui sit tantus honor, vel tam speciosa figura.
> Finxit, et intuitis pede, mento, nare, capillis,
> Tunc magis artificem sese cognovit in illis,
> In quibus expressit tanti moderaminis artem,
> Quod neutri voluit minus aut magis addere partem.
> Turpis ad hos, puer ante Jovem qui pocula ponis,
> Turpis eras Memnon, et tu quoque turpis Adonis.
> Plurima cum desint felicibus ad sua vota,
> Fluxit ad hos solos rerum profectio tota,
> Felicique diu vixisset uterque iuventa,
> 20 Ni foret ante diem sibi lux vitalis adempta.
> Sed rota fortune nunquam rarove fidelis
> Non sinit ut vivat homo longo tempore felix;
> Dum venit humane pacem turbare quietis,
> Invehit infirmis mala corporis invida letis.
> Sic igitur sicut pariles similesque fuere,
> Sic paribus fatis incepit utrumque movere
> Una mali species, eadem natura doloris,
> Hisdem quippe modis et eisdem scilicet horis,
> Cumque iacent sensus in corpore mortificati,
> 30 Cernere non possunt oculi languore gravati.
> Non valet escarum guttus sentire saporem,
> Non sentit tractanda manus neque naris odorem;
> Surdescunt aures et deficit usus earum;
> Sic oblita iacet rerum natura suarum.

At pater inde dolens implorat opem medicorum,
Et venere duo, grecus fuit alter eorum.
Inde per urinas et venis sepe notatis,
Querunt unde fluant tante mala debilitatis.
Sed nec in urinis nec pulsibus inspicientes,
40   Morborum causas potuerunt sentire latentes.
Falluntur medici, perit et sollertia greca;
Sevit adhuc morbusque latens et passio ceca.
Quis modus his morbis, quis finis ad hos cruciatus,
Sic pater ad medicos; respondet uterque rogatus :
« Cum simili morbo videamus utrumque gravari,
Causa latet morbi, neuterque potest relevari,
Ni prius alterius in visceribus videamus
Quis sit et unde fluat dolor, inde modo dubitamus.
Quilibet ut pereat, unum redimet medicina;
50   Si geminis parcas, geminos trahet una ruina. »
At pater hoc fieri cernens opus atque necesse,
Maluit unius quam nullius pater esse.
Ergo dedit medicis quemcumque magis voluerunt,
Membra secant, sedemque mali per viscera querunt.
Inveniunt causamque mali, morbumque latentem.
Sic curant alium simili languore iacentem.
At genitrix gavisa nichil de sospite nato,
Semper in alterius nati dolet anxia fato.
Ergo gemens alium velut a genitore necatum,
60   In ius, in causam patrem trahit ante senatum.
Femina sicut erat magis ad lites animata,
Sic prior incipit : « Eram geminorum prole beata;
Hunc peto, qui minus est modo de numero geminorum,
Quem pater extinxit et iniqua manus medicorum.
Eger erat, dicet, tamen ex hoc non morietur,
Cum suus ex ipso frater morbo relevetur.
Ferro, non morbo periit puer ille peremptus,
Cum sua fortassis curasset utrumque iuventus. »
Responsurus ad hoc surgit pater atque profatur,
70   Seque parat verbis legalibus ut tueatur :
« Feminei sexus satis ostendis levitatem,
Dummodo damna vides, neque tendis ad utilitatem.

Si duo contingant aliquando pericula dura,
Ex illis facimus minus aut levius nocitura. »
Res ubi facta fuit et disceptatio talis,
Diffinivit eam sententia iudicialis :
« Cum te pacificum promiserit os et amicum,
Debes malle mori quam mens tua dissonet ori[1]. »

LIV. Une pièce en distiques rimés, sans rubrique, dont le sujet est emprunté aux Controverses de Sénèque (liv. V, c. 1) : *Laqueus incisus* (fol. 93 r°; 18 vers). Elle a été publiée par M. Edelestand du Méril (*Poésies du moyen âge*, p. 9).

Incipit : Mesta parens misere paupertas anxietatis.

LV. *Sententie magistri Petri Abailardi.* (Fol. 92 r°; 461 vers.) Ces distiques avaient déjà été signalés dans l'*Histoire littéraire de la France* (t. XII, p. 133), d'après un ms. de la Bibliothèque cottonienne. Ils ont été publiés d'après plusieurs mss., et spécialement d'après celui dont je m'occupe, par MM. V. Cousin, Ch. Jourdain et Despois, dans le premier volume des *Petri Abailardi opera* (p. 340-348, in-4°, Parisiis, Durand, 1849).

Incipit : Astralabi fili, vite dulcedo paterne,
Doctrine studio pauca relinquo tue.

LVI. Une pièce satirique, anonyme et sans rubrique, qui a été publiée par Ed. Flacius Illyricus (*Varia . . . . poemata de corrupto Ecclesiæ statu*, p. 349). C'est une invective contre la fortune; on la retrouve dans le ms. 710 de Saint-Omer. (Fol. 96 r°; 46 vers.)

Incipit : Cur ultra studeam probus esse, probusque videri,
Aut inter socios famam cum laude mereri?

LVII. Une pièce satirique, anonyme et sans rubrique, en hexa-

---

[1] Ces deux derniers vers se trouvent, isolés, dans le ms. 710 de Saint-Omer, fol. 118 v°.

mètres rimés en flèche (fol. 96 v°). Elle se trouve aussi dans le ms. 710
de Saint-Omer, à la suite de la précédente. Elle est assez curieuse ; je
ne crois pas qu'elle ait été publiée. Elle mérite peut-être de l'être :
elle est divisée en cinq parties, séparées par ce simple signe §. La
voici :

> Temporibus nostris mutari secula cerno ;
> Omne vetus studium perit accedente moderno.
> Artes scire bonas fuit olim gloria cleri,
> Gloria magna fuit famam cum laude tueri.
> Nunc inhonesta sequi, nunc sectari levitatem
> Gens hodierna studet, morumque fugit probitatem.
> Artes scire bonas nunc pro nichilo reputatur,
> Nummos scire bonos, hoc prevalet, hocque probatur.
> Hoc hodie studium deducitur absque labore :
> 10 Quod quicumque tenet, cito sublimatur honore.
> Hoc studio baculus donatur pontificalis,
> Venditur hoc studio gradus omnis symonialis.
> Hoc erismeticam studium dixere priores,
> Hoc etenim multi sunt affecti potiores.
> Era metat quisquis studium cupit hoc imitari,
> Et de stercoribus valet ad sublime levari.
> Est gravius studium bene scribere, versificari,
> Discere grammaticam, prudenter versificari,
> Quam nummos nummis, libras libris cumulare,
> 20 Aut ex usuris usuras multiplicare.
> §. *Domnus vobiscum*, quia predictam colit artem,
> Colligit ex hominum variis opibus sibi partem,
> Et quia denarios bene comperit omnia posse,
> Quando canit, vertit gaudens ad denarios se ;
> Hos colit, hos recolit, his predicat, hos et honorat,
> His sua festa facit, magis hos quam numen adorat.
> §. *Domnus vobiscum* libros quos devorat ore
> Non sapit intro, tamen fato regitur meliore
> Quam vir grammaticus qui multa legendo laborat,
> 30 Quem sequitur mala fors, quem pauperies inhonorat.
> Sillaba longa brevis, brevis illi longa videtur,
> Grammaticusque bonus sibi cum sit, nullus habetur.

Pro nichilo ducit dicens aliquando *cóminùs*,
Nec putat errorem si dicat forte *Dominus*.
Fasque nefasque canens, credit sibi cuncta licere :
Copia nummorum dat ei nil posse timere.
Est in marsupio sua regula , regula iusta ,
Auro , denariis et caris rebus onusta.
Hac se defendit quotiens metuit reprehendi,
40 Hac facit a multis laudum sibi iura rependi.
§. *Domnus vobiscum* vitando pericula dura
Ostia sectatur, vitam ducens sine cura;
Que pretiosa foro venduntur, que meliora ,
Hec emit ad placitum, non curans deteriora.
Huic volucres, pisces, huic fercula queque novella,
Huic piper arridet, huic gingiber atque canella.
Huic pigmenta favent, servitque manus medicorum.
Huic etiam ad nares flagrantia spirat odorum.
Grammaticus vero tenuis, laceris quoque pannis,
50 Immoritur studiis, brevibus consumptus in annis;
Vilia queque fori pauper vix comparat ille,
Quamvis optulerit pretiosa poemata mille,
Quem pretiosus equus nescit per compita ferre,
Sed pes, sed baculus sordentes pulvere terre.
§. *Domnus vobiscum* cute clara, vesteque munda
Splendidus incedit, calida bene lotus in unda,
Cuius doctus equus bene doctus figere passum
Ambulat et nullo facit illum tempore lassum.
Hunc domini, domine poscunt, famuli famuleque,
60 Donaque dant illi pinguissima nocte dieque.
Suscipit ille libens oblataque munera servat,
Inque suis loculis massam massa coacervat.
Ah! quotiens referat signatam clavibus archam,
Ut gaudens videat cum marcha ludere marcham!
Crede michi, Deus est, Deus est suus omnis in illa,
Nec de morte timet, cum sit cinis atque favilla.
Grammaticus vero quid paupere cernit in archa?
Fortunam tenuem, Cereris recreamina parca.
Cernit ibi tabulas, graphium, pluresque libellos
70 Artis grammatice veteres simulque novellos;

11.

Hic et Aristotelis videt arma potenter acutà,
Sed duram contra paupertatem male tuta.
He sunt divitie, sunt gaze philosophorum;
Istis mendicant in regno presbiterorum.
Ergo ne verbis vacuis longisque laborem,
Hortor eos qui divitias cupiunt et honorem
Ut fieri *Domnus vobiscum* non remorentur.
Isto nempe gradu locupletes efficientur.
Sic erismetice ditescent utilitate
80   Qui pro grammatice mendicant garrulitate.

Cette satire mordante contre les prébendés, abbés et autres, que l'auteur appelle des *Domnus vobiscum*, roule sur un jeu de mots. Le *grammaticus* a tort de s'attarder aux enfantillages de la grammaire (*garrulitas*); il est bien plus profitable d'être grossièrement ignorant, mais de posséder toutes les ressources (*utilitas*) non de l'*arithmetica*, qui faisait partie du *quadrivium*, mais de l'*œrismetica*, l'art de faire fortune et d'avoir, par suite, toutes jouissances de la vie. On n'est pas plus utilitaire, et cette satire est de tous les temps.

LVIII. Une pièce anonyme, sans rubrique, que l'on peut intituler *Poetria*, d'après le terme adopté au XIIᵉ siècle. C'est un *Art poétique* très curieux, où l'auteur s'est inspiré, pour le fond, de l'épître aux Pisons, mais où il traite son sujet dans l'esprit du temps (fol. 97 rᵒ). Il y a un Poetria attribué à Matthieu de Vendôme (*Hist. litt.*, t. XV, p. 427). Il y en a un autre, attribué à Milo, le célèbre écolâtre de Saint-Amand (Ed. du Méril, *Poésies inédites du moyen âge*, etc., p. 352, nᵒ 1), et d'autres encore indiqués par M. du Méril (*Poésies populaires latines, antérieures au XIIᵉ siècle*, p. 42, nᵒ 2). Mais celui que nous trouvons dans notre ms. semble être une œuvre différente. Il n'y est pas question de métrique, ni de figures de mots ou de pensées. Il s'agit des caractères des différents âges et des différentes positions sociales. La plupart des vers sont en distiques léonins, quelques-uns en hexamètres léonins, les autres en *vers rapportés*, en vers appelés *versus recipientes,* enfin en hexamètres rimés en flèche. Je transcris intégralement ce morceau curieux à plus d'un titre.

> Debemus cunctis proponere noscere montis
> Musam Parasii, fontis et Aonii.
> Diversas formas et fandi noscere normas
> Sit cunctis melius rebus et utilius.
> Ut bene possimus describere queque velimus,
> Lustra frequentemus, Aoniumque nemus.
> Nunc describamus personas, et videamus
> Personis proprium quid sit et egregium.
> Affectus tristis dicamus versibus istis,
> 10 Etatis, studii, militis egregii,
> Sexus, meroris, fortune, flentis amoris,
> Pirate, iuvenis, coniugis atque senis.
> Cum describetur scilicis persona fruetur,
> Ira bella volet, equora nocte colet;
> Et sermo fractus audax erit; impavefactus
> Omnia qui cupiat, cunctaque decipiat.
> §. Non est persona muliebris digna corona :
> Sexus quippe nocens et mala sona docens.
> Blandiciis nummum minimum poscit[1] quasi summum;
> 20 Blandiciis iuvenes decipit atque senes.
> Femina lesa furit, sed eam quotiens dolor urit,
> Ore, manu, mente, vultu, mucronibus, igne
> Pandit, miscet, alit, demonstrat, perfodit, urit
> Probra; venena; dolum; feritatem; pignora; tectum[2].
> §. Sit letus iuvenis, silvis spatietur amenis;
> Sit varie vocis, gaudeat ille iocis.
> Audax ille fore debet, correptus amore,
> Nec tenebras timeat, per tenebras sed eat.
> §. Sit persona senis turpis, careatque serenis
> 30 Moribus, et cupiat omne quod aspiciat.
> Sit cupidus, vanus tardusque senex et avarus,
> Divitiasque neget : res habet, his et eget.

---

[1] Il y a *posce* dans le texte. — [2] Ces trois derniers vers doivent se lire ainsi :

Ore pandit probra; manu miscet venena, etc.

Ce sont des *vers rapportés.*

§. Sit miles parma, galea quoque tectus, et arma
    Ille severa volet, fortia bella colet.
Sitque coloratus armis ad bella paratus,
    Ense ferire sciat, iraque conveniat.

§. Induperatoris persona sit omnibus horis
    Horrida, seva nimis, turbida, plena minis,
Crudelis miseris, iris immensa severis,
40   Et sedeat solio dives in egregio.

§. Assit leccator cunctorum vituperator,
    Sit risu plenus, spernat ut arva nemus;
At structis cenis, epulis letetur amenis,
    Et studium nolet, otia, vina volet.

§. Villanus laudem querat, vitet quoque fraudem,
    Semper dicat idem, servet ametque fidem,
Semper idem reticet, meretrices, crimina vitet;
    Ille iocos nolet; seria verba volet.
Pulveris os atrum, scabies sit, portet aratrum,
50   Et clavam teneat, ruraque circueat.

§. Sit mitis, letus, tardus sophus atque quietus,
    Non sese moveat, nec loca circueat.
Pauca sophus fetur ut plurima quisque loquetur,
    Sed versus faciat, fingat et inveniat.
Vitet certamen si victus membra[1], iuvamen
    Hoc sibi proponet : sic mea norma monet.

§. Qui pro personis scribendis esse coronis
    Vult dignus, faciat quod bene conveniat;
Dicat honestates, personis proprietates,
60   Nam nichil est melius et nichil utilius.

§. Altera verba refert iratus, saucius armis,
    Letus, fortis, inops altera verba refert.
Conspicienda nimis quo credo modo rationis,
    Quo bene fingendo conspicienda nimis.
Tempore quo, quis, ubi, coram quo quisque loquatur,
    De quo fit sermo, tempore quo, quis, ubi;
Quid faciat, quid aget olim, quid fecerit ante,
    Quidque pati possit, quid faciat, quid aget :

---

[1] *Alias :* metra (variante donnée en interligne dans le ms.).

Talia noluerit, si quis consulta replere,
70   Et si quis facere talia noluerit.
Convenit atque decet uti tali ratione,
    Hos servare modos convenit atque decet.
Exigit hora, locus quos ipsum tempus et ipse
    Auditor quis res exigit hora, locus.
Impudibunda bonis ne sint risoria seris,
    Mixta profana sacris, impudibunda bonis.
Gaudia tristiciis que sunt sine pondere magnis
    Seris lascivia, gaudia tristiciis.
Pulchriter, egregie sit fandum more latino,
80   Et sit fingendum pulchriter, egregie[1].
§. Egregie loquitur, loquitur quoque more latino,
    Et non decipitur, fruitur sed more sophie,
    Rerum consequitur qui naturalia dicta,
    Et non decipitur, recta ratione relicta.
Qui vult egregie fando condignus haberi,
    Laudis et egregie famam bene fando mereri,
Non dicat graviter, sed convenientia dicta
    Scrutetur, leviter dicat, gravitate relicta,
Nec geminum faciat sensum, dicat manifeste,
90   Pulchriter inveniat, inventaque narret honeste.
Fini principium sit par, stilusque sit idem :
    Sic erit egregium carmen, si sit modus idem.
Perlegat auctores varios, legat et poetriam,
    Rhetoricos flores cupiens et scire sophiam :
Nam servare monet unum stilum poetria;
    Hoc sibi proponet, fruitur quicumque sophia.
Quisquis predictum iussum complere valebit,
    Illius dictum vitio, non laude carebit,
Implevi numerum; Xρisto servite, valete;
100   Hoc iterans iterum verbum, precor, opto, valete.

LIX. Une série de sentences monostiques, sur toutes sortes de sujets, et disposées par ordre alphabétique du premier mot de chaque vers.

---

[1] Ces vingt vers sont des distiques *recurrentes*.

Quelques-unes sont assez grossières, telles que celles-ci :

> Olle merdose tribuantur opercula bose.
> Qui merdam filat, merdam cum traduce girat.

D'autres sont empreintes d'un certain scepticisme et d'une certaine mélancolie :

> Si fas est hodie, cras non fortasse licebit.
> Stultus dampnavit quod prudens edificavit.
> Sectans baronem manducat sepe bratonem.
> Si celum rueret volucrum captura valeret.

(Fol. 97 v°; 298 vers.) On retrouve aussi cette compilation dans le ms. 710 de Saint-Omer. Voici le premier vers de chaque lettre :

> Ardua nulla bonis spe syderee regionis.
> Bacchus sumatur modice, sensus cumulatur.
> Cur tibi sunt cure pereuntis amena figure?
> Disce nichil tutum ni primo carne solutum.
> Etatis tenere discas moderamen habere.
> Forma perit rerum datur altera queque dierum.
> Gaudia mira poli mala lingua retexere noli.
> Heres ne cure tibi sit tuus, o moriture.
> In veniam scelerum decimatur summa dierum.
> Juxta cantellum fac ieiunare labellum.
> Laudis amore peris si mundi miles haberis.
> Mente bonis fulta moritur temptatio multa.
> Nemo levat morbis animam, ni conditor orbis.
> Optimus est lusus fervens dictaminis usus.
> Preterit absque mora quod presens exhibet hora.
> Que meditatus eris tabulis dare ne pigriteris.
> Res docuit multas furari sepe facultas.
> Semper erit presto quod et instet et obstet honesto.
> Terrea quid prosunt? quasi stercora cuique bono sunt.
> Urbibus et peregre vitium dediscitur egre.
> Vita beatorum votis succurrat eorum.

LX. Une série de vers proverbes empruntés aux poètes classiques,

Virgile, Horace, etc., et rangés par ordre alphabétique. (Fol. 99 v°; 74 vers.) On la retrouve dans le ms. 710 de Saint-Omer, avec cette rubrique : *Quedam proverbia ex dictis antiquorum.* Voici les premiers vers de chaque lettre :

> Alba ligustra cadunt, vaccinia nigra leguntur.
> Celum non animum mutant qui trans mare currunt.
> Est quoddam prodire tenus, si non datur ultra.
> Felix qui potuit rerum cognoscere causas.
> Intendas animum studiis et rebus honestis.
> Nemo ideo ferus est ut non mitescere possit.
> Oderunt peccare boni, virtutis amore.
> Principibus placuisse viris non ultima laus est.
> Sincerum nisi vas, quodcumque infundis acessit.
> Testa recens imbuta diu servabit odorem.
> Una salus victis nullam sperare salutem.

LXI. Une pièce en vers hexamètres, anonyme et sans rubrique, qu'on peut intituler *De amicitia.* (Fol. 100 r°; 171 vers.)

> *Incipit :* Que sit amicitie lex et modus inter honestos,
> Veraque quam suaves pariat dilectio fructus
> Complecti verbis non est michi plena facultas;
> Sed tamen experiar super his attingere quedam.
> . . . .
>
> *Desinit :* Optinet ergo locum Deitas super omnia primum;
> Proxima stat virtus pax, quam numeretur amicus,
> Quo melius post illa duo nichil esse putemus.

LXII. Une pièce en hexamètres rimés en flèche, anonyme et sans rubrique, qu'on peut intituler *De Baculo et Annulo.* (Fol. 101 v°; 62 vers.)

> *Incipit :* Annulus et baculus sunt spiritualia dona;
> His diversa manent gladius regisque corona,
> Conveniuntque tamen propria si sede locentur,
> Scilicet ut pape regi quoque propria dentur.
> . . . .

Desinit : Convenit ut tales sint regis collaterales,
Convenit ut tales equites sint imperiales,
Tali rex et papa modo non dissociantur,
Una sed potius vero sub amore ligantur.

. LXIII. Une pièce de vers léonins, anonyme et sans rubrique. C'est
une lettre adressée à *Bérenger,* le célèbre hérésiarque du xıᵉ siècle,
sur la foi et sur la présence réelle dans l'Eucharistie. (Fol. 102 rº.)

Vita, Berengeri, tibi sit cum dogmate veri.
De fidei causa vel nobis vel tibi clausa
Si percunctatus sis respondere paratus,
Iam minus imponis maculam tibi suspicionis :
Nam qui culpetur ni se ratione tuetur,
Astruit illatum profugus constare reatum.
Principio Rome quid feceris ordine prome,
Si pateat digne quod sis salvatus ab igne
Quem tibi devota decrevit concio tota.
Pax michi tunc tecum, sed fraus si vicerit equum,
Et tibi fallacem dederunt sophismata pacem,
Vel si nescivit vel munera Roma cupivit,
Assumamus item Xpisto sub iudice litem,
Qui pugnante David Goliam precipitavit,
Per me substantem franget te, credo, gigantem.
Si fugis a vero, torqueberis hoste severo;
Meque tibi flecto si tendis tramite recto.
Hoc sacramentum celeste quod est alimentum
Ut quid perversus laceras tam sepe reversus?
Ac non persistens, sed item merore resistens,
Si furor urgeret, vaga sive iuventa moveret,
Non me censorem, sed haberes commonitorem.
Fis iam provectus, nec abest annosa senectus,
Appositum liti plures iuvere periti,
Nec dum per terras retrahis garrire quod erras.
Millia sic ponis in carcere proditionis,
Unde michi restat indigna quod ultio prestat.
Ultio si desit quia pars tibi maior adhesit,
Vel sacramentum tandem dabit impedimentum
· Quod Rome factum fuit illo tempore fractum.

At, miser, altari si non pudet annumerari,
Que tractas temere sacra saltem disce timere.
Ve bibis et comedis, nisi puro pectore credis,
Ut digne comedas carnem cum sanguine cedas.

A la suite de cette pièce, se trouvent deux distiques appartenant à la seconde partie de l'*Aurora* et au *Floridus aspectus,* dans le morceau intitulé *De tribus donis magorum.*

Dat magus aurum, thus, myrrham; rex suscipit aurum,
Thura Deus, myrrham qui moriturus erat.
Thus orando damus, aurum sapiendo superna,
Myrrham cum carnis mortificatur opus.

Rien de plus fréquent dans les mss. que ces morceaux de remplissage.

LXIV. Une pièce anonyme et sans rubrique, commençant par six hexamètres, et continuant en distiques. Ce sont des conseils pour la vie pratique et religieuse. (Fol. 102 v°; 62 vers.)

Incipit : Qui cupis ad regnum cito transire polorum,
Audi consilium quo possis vincere mundum.

LXV. Une pièce en vers tantôt rimés, tantôt léonins, anonyme et sans rubrique, qu'on pourrait intituler *De vanitatibus mundi.* (Fol. 103 r°; 28 vers.) On la retrouve dans le ms. 710 de Saint-Omer, n° IX, où je l'ai transcrite.

Incipit : Quid decus aut forma, quid gloria divitiarum.

LXVI. *De signis mortis.* Voici cette petite pièce qui n'a que neuf vers. (Fol. 103 r°.)

His signis moriens certis cognoscitur eger :
Fronte rubet primo, pedibus frigescit ab imo,
Sponte sua plorans mortis prenuntiat horam,
Antevenit pulsus decurrens prepete cursu;

Inde supercilium deponit fine propinquum,
Decidit et mentum, levus minuetur ocellus,
Defugit et venter, nasus summo tenus albet.
Vigilias iuvenis patitur si nocte dieque,
Sique senex dormit, designat morte resolvi.

Ces deux derniers vers ont été traduits par ce proverbe populaire : *Jeunesse qui veille et vieillesse qui dort, c'est signe de mort.*

LXVII. Une petite pièce en distiques léonins, anonyme et sans rubrique, qu'on peut intituler *l'Éventail et les Mouches.* (Fol. 103 r°.) La voici :

Cum muscis bellum facio, dicorque flabellum,
  Quas male discutio quando supervenio.
Cum ventum turbo fit eis turbatio, turbo,
  Me veniente fremunt, me redeunte tremunt.
Cum moveo ventum sparguntur per loca centum,
  Mox iterum veniunt, denuo moxque furunt.
Grex avium talis nimium confidit in alis,
  Et nimis in pedibus, sive citis gradibus.
Terrifico fuscas, fugo, pello, pertero muscas,
  Cum venio fugiunt, cum fugio veniunt.
Turba furens talis pernicibus advolat alis,
  Nititur et gradibus pluribus et pedibus.
Commaculat totum, cadit intus ut ebria potum.
  Tunc bibit et moritur, naufragium patitur.
Sepius evadit titubans, madefactaque vadit,
  Continuo remeat cominus ut noceat.

LXVIII. Plusieurs pièces en hexamètres, sans titres ni noms d'auteurs et sans indication matérielle qui fasse connaître le commencement et la fin de chacune d'elles. (Fol. 103 r°; 98 vers.) Ce sont des maximes et des sentences morales, quelquefois satiriques.

En tête se trouve une petite pièce bien connue, qui pourrait être d'Hildebert de Tours et qui a été souvent publiée. (Cf. Beaugendre,

Hildeberti Opera, col. 1333; *Hist. litt.,* t. XI, p. 387; Hauréau, *Notices* etc., t. XXVIII, p. 327.)

> *Incipit :* Normula[1] vivendi presto est tibi : pauca loquaris.

> *Desinit :* Glorificant gaze privatos nobilitate,
> Paupertasque domum premit altam nobilitate.

LXIX. Une pièce en distiques, anonyme et sans rubrique. (Fol. 104 r°; 62 vers.) Cette pièce, d'une médiocre valeur et renfermant des jeux de mots d'un goût douteux, est ici incomplète. On la trouve complète dans le ms. 1136 de l'Arsenal, et faisant partie du *Floridus aspectus* (fol. 23 r°); elle y compte 170 vers et est intitulée : *Causa regis Francorum contra regem Anglorum.* C'est l'œuvre de Pierre Riga; mais elle a subi des variantes dès les premiers vers :

> *Incipit :* Lux mundi, terre sal, vite flumina, Xpisti
> Organa, precones pacis, avete Patres.

LXX. *Versus magistri Serlonis.* Cette pièce très connue compte 52 vers léonins. (Fol. 104 v°.)

> *Incipit :* Custos mentis ego fas dicto nefasque relego;
> Me duce si graderis post carnem non gradieris.

LXXI. *De sacrilegis monachis.* (Fol. 105 r°; 42 vers.) Cette pièce est dédiée à Hugues de Die ou de Bourgogne, successivement évêque de Die (1073-1092), légat de Grégoire VII en France et archevêque de Lyon (1085-1106), qui joua un grand rôle dans l'histoire ecclésiastique de cette époque, et à Hugues de Pierrefond, évêque de Soissons (1092-1103). La petite pièce mentionnée au n° XLI, A (*Præsul amabilis et venerabilis Hugo Diensis*) est la fin de celle-ci, qui a été publiée en entier par Th. Wright (*The anglo-latin satirical poets,* t. II, p. 201), et l'avait déjà été, mais incomplètement (moins les dix

---

[1] *Formula :* ms. 14194 de la Bibliothèque nationale, fol. 161, provenant de Saint-Germain-des-Prés.

derniers vers), en 1557, à Bâle, par Matthias Flacius Illyricus (Franco-witz), comme ouvrage anonyme (t. III, p. 489), et dans la *Biblio-thèque du moyen âge* de Fabricius (t. III, p. 111). Leyser la cite aussi comme anonyme (p. 434). C'est l'œuvre d'un poète anglais, origi-naire du pays de Galles, du nom de Gualon. Les auteurs de l'*His-toire littéraire* en font honneur au fameux Galon, professeur de l'Uni-versité de Paris, qui soutint une lutte célèbre contre Algrin, chancelier de l'église de Paris en 1134, et fut appuyé dans ses prétentions par l'archevêque de Sens, Henri Sanglier, malgré l'évêque de Paris, Étienne de Senlis. Par suite ils prétendent que Hugues de Die, auquel elle est dédiée, n'est pas le célèbre Hugues, archevêque de Lyon, parce qu'il était mort en 1106, et parce que « ayant été moine lui-même, il n'y a pas d'apparence qu'il eût trempé dans un écrit où l'on distil-lait le fiel le plus amer contre l'état ecclésiastique. » (*Hist. litt.,* t. XI, p. 421.) Pour moi, je crois qu'il n'y a pas à hésiter; les deux person-nages auxquels cette pièce est adressée sont bien Hugues de Pierre-fond, évêque de Soissons, et Hugues de Die, archevêque de Lyon; les dates concordent très bien. Les auteurs de l'*Histoire littéraire* l'au-raient certainement reconnu, sans les circonstances suivantes : 1° Ils donnent ainsi le quatrième vers :

Noster amicus eam legat *Otto* Suessionensis.

Or il n'y a pas d'*Otto* évêque de Soissons, et ce nom, rapproché de celui de Hugues de Die, ne peut se rapporter qu'à un évêque. — 2° Ils ne donnent que trente-trois vers à la satire (ils devraient dire trente-deux); mais ils ne connaissent pas les dix vers qui la terminent, qui font corps avec le commencement et qui désignent clairement Hugues de Die. Quoi qu'il en soit, je crois devoir reproduire cette pièce intégralement :

Sacrilegis monachis, emptoribus ecclesiarum,
Composui satiram carmen per secula clarum;
Quod quia vir magnus corroborat Hugo Diensis,
Noster amicus eam legat Hugo Suessionensis.

Ordo monasticus ecclesiasticus esse solebat,
Densa cibaria cum per agrestia rura colebat;
Nulla pecunia, nulla negocia prepediebant,
Sobria copia, parva colonia sufficiebant;
Pro venalibus et capitalibus invigilabant,
Tam venalia quam capitalia nostra piabant.
Sed miserabilis et lacrimabilis est modo factus,
Post venalia, sub capitalia dampna redactus.
Ordo monasticus ecclesiasticus est sine fructu,
Intrat ovilia desuper ostia, non sine luctu,
Ordo monasticus ecclesiasticus est sine causa,
Clamat ad ostia spiritualia iam sibi clausa.
Ordo monasticus ecclesiasticus unde vocatur,
Quando tenacibus atque rapacibus assimilatur.
Ordo monasticus ecclesiasticus est sine sensu,
Estimat omnia spiritualia divite censu.
Terra, pecunia, templa, palatia magna parantur,
Unde potentia sive superbia magnificantur.
Vana superbia quod per inania ludificatur,
Lucifer extulit et Deus expulit et cruciatur.
Sed duo crimina per sua nomina nolo notare,
Que sapientia et reverentia nescit amare.
Dicere planius est inhonestius, ultro patebit,
Ultro quis audiet, ultro subaudiet, ultro docebit;
Sed Dominus meus, omnipotens Deus, omnicreator,
Insipientibus ac sapientibus auxiliator,
Hec pius auferat et bona conferat ut mereantur
Spiritualia querere pascua, ne moriantur.
Presul amabilis et venerabilis Hugo Diensis,
Vestra scientia nostra superflua radit ut ensis;
Vir memorabilis, irreparabilis, omnis honestas.
Vestra calumpnia corrigit omnia, digna potestas.
Anglia, Scothia, Gallia, Grecia vos reverentur,
Quod sapientia, quod reverentia vestra merentur.
Carmina metrica, dicta poetica si placuissent,
Nostra precamina iusta per omnia vos monuissent,
Ius ut ab omnibus hoc facientibus obtinuissent
Affrica, Gallia, Pontus et Asia vos coluissent.

LXXII. *Incipit dialogus visionis de Virgine et Puero.*

Intellectualiter contemplare; Attende diligenter ubi VIRGO, *ubi* PUER *inscribitur, quia promiscuis sermonibus sibi invicem colloquuntur.* (Fol. 105 r°; 264 vers.) C'est une pièce anonyme, du genre mystique, composée de soixante-six strophes, de quatre vers métriques chacune, tous les vers de chaque strophe rimant ensemble.

> *Incipit :* Sol intraverat virginem cultureque ritus
> Autumpnus qui, Cereris negligens maritus,
> Sue pene coniugis fuerat oblitus,
> Vocabat ut surgeret die consopitus.

Nota. Cette pièce termine le quatorzième quaternion du volume. Le quinzième et dernier est d'une main différente, mais de la même époque que les précédents.

LXXIII. Une pièce anonyme et sans rubrique, en trois parties de 17-15 et 70 vers. (Fol. 107 r°.) C'est une prière aux trois personnes de la sainte Trinité. « Elle a été très goûtée durant le moyen âge, et très souvent copiée; elle a été depuis fréquemment imprimée, » dit M. Hauréau, qui n'hésite pas à l'attribuer à Hildebert de Tours, et non à Abélard, comme le voudraient les auteurs de l'*Histoire littéraire.* (Cf. *Opera Hildeberti,* éd. Beaugendre, col. 1337; *Hist. litt.,* t. XI, p. 388, et t. XII, p. 136; Hauréau, *Notices,* etc., t. XXVIII, p. 340-343.) Nous la retrouvons dans le ms. 710 de Saint-Omer. (Fol. 116 v°.)

> *Incipit :* Alpha et ω magne Deus,
> Hely, Hely, Deus meus.

LXXIV. Une très longue pièce anonyme et sans rubrique, en prose rimée, composée en l'honneur de la sainte Vierge. Elle se divise en vingt et une parties, comptant en tout 581 strophes de six vers. Elle a été publiée par Hommey (*Suppl. Patrum*), sous le nom de saint Bernard, ce qui est une erreur, d'après l'opinion de M. Hauréau. (Fol. 107 v°.)

> *Incipit :* Ut iocundas
> Cervus undas
> Estuans desiderat,
> Sic ad Deum
> Fontem vivum
> Mens fidelis properat.

Nota. A la fin de cette pièce, au folio 114 r°, se termine le volume, dans sa forme primitive. Au-dessous, on lit ces mots : *Liber sancte Marie de Claromaresch.* Un peu plus tard, mais à peu près à la même époque, on a transcrit sur le verso du feuillet 114, resté en blanc, les deux pièces suivantes :

LXXV. *Hec est fides catholica de Essentia divina.* (56 vers.) Cette pièce est de Pierre le Peintre, chanoine de Saint-Omer. (Voir ce que j'en ai dit au n° XXVI, à propos d'un fragment qui se trouve au folio 79 v°.)

> *Incipit :* Esse quod est ex se Deus est, per quem datur esse.

LXXVI. Une petite pièce anonyme et sans rubrique, composée de cinq distiques, relative à la naissance du Christ et à l'adoration des Mages. C'est un fragment de l'*Aurora* (2ᵉ partie), de Pierre Riga.

> *Incipit :* Gaudeat omnis homo, quia nos de sede paterna
> Xρistus dignatur visere factus homo.

II. — MANUSCRIT N° 710.

Le ms. 115 n'est pas le seul à la bibliothèque de Saint-Omer qui renferme un recueil varié de poésies latines du moyen âge. Il y en a d'autres encore, dans lesquels on peut rencontrer çà et là des pièces intéressantes. Ne pouvant les étudier tous, mon attention s'est portée particulièrement sur le ms. 710, qui mérite une mention toute spéciale, parce qu'il est le plus considérable après le ms. 115.

Ce manuscrit, dans lequel se trouvent des pièces de toute espèce, n'a pas été exactement décrit par M. Michelant dans le Catalogue des manuscrits de Saint-Omer (*Catalogue général des manuscrits des biblioth. des départements,* t. III, p. 313, 314). Il se compose de 175 feuillets en parchemin (0ᵐ,290 sur 0ᵐ,200) endommagés dans le haut par l'humidité, écrits sur deux colonnes. Il provient de l'abbaye de Saint-Bertin et porte en marge un certain nombre de notes de D. Guillaume de White; l'une d'elles est datée de 1603. Il a été écrit, non à la fin du xiiiᵉ siècle, comme le dit le catalogue, mais au plus tôt en 1316. En effet, au fol. 49 r°, à propos de l'élection du pape Jean XXII, on lit : « Anno Domini ᴍ° ᴄᴄᴄ° xvi°, Johannes XXIIᵘˢ, antea Avionensis episcopus, in papam eligitur et consecratur, » et au fol. 51 r°, à propos de l'avènement de Philippe le Long : « Anno Domini ᴍ° ᴄᴄᴄ° xvi°, Ludóvicus predictus, rex Francie et Navarre, post ipsius coronationem non completo, defunctus est et in monasterio Beati Dyonisii humatus. Cui Philippus frater ipsius, tunc comes Pictavensis, in regno successit. » Il n'y a pas d'autre date plus précise, et en face de cette dernière, D. de White a mis cette note : « Ex hoc patet tempus scriptionis huius codicis. » Laissant de côté les opuscules divers en prose qui sont réunis dans ce manuscrit, je n'indiquerai que les œuvres poétiques.

I. Au fol. 51 r°, entre le n° 2 du Catalogue : « Quedam brevis compilatio collecta ex pluribus libris hystoricis, etc., » et le n° 3 : « Incipit prologus Gaufredi Monemutensis in libro de nominibus regum Britonum, etc., » se trouve une très longue pièce intitulée *Dictum de Philomena,* qui va jusqu'au fol. 53 r°. Cette pièce, que l'on retrouve dans le ms. 361 de Saint-Omer, a été imprimée dans les *OEuvres de saint Bonaventure,* t. VI, p. 424-427, édit. Mogunt., 1609, in-folio. (Voir Fabricius, *Biblioth. med. lat.,* t. I, p. 253.)

> *Incipit :* Philomena previa temporis ameni,
> Que recessum nuntias ymbris atque ceni,
> Que demulces animos tuo cantu leni,
> Avis perdulcissima, adhuc queso, veni.

II. Le n° 9 du Catalogue porte seulement cette indication : *Carmina quædam :* « *alpha et ω. Magne Deus hely, hely Deus meus.* On ne peut soupçonner sous ce titre vague les vingt et une pièces qui suivent. En ce qui concerne celle qui est ici nommément désignée (fol. 116 v°), elle est très connue. (Voir ms. 115, n° LXXIII.)

III. Une petite pièce anonyme et sans rubrique qui fait peut-être allusion à la résurrection de Lazare (fol. 117 r°). La voici; c'est évidemment un fragment :

> Extra portam iam delatum,
> Iam fetentem, iam tumulatum
> Vitta ligat, lapis urget,
> Sed, si iubes, hic resurget.
> Iube, lapis resolvetur,
> Iube, vitta dirumpetur :
> Exiturus nescit moras,
> Postquam clamas : Exi foras.

IV. Une invocation sous forme métaphorique, anonyme et sans rubrique (fol. 117 r°).

> In hoc salo mea ratis
> Infestatur a piratis;

13.

Hinc assultus, inde fluctus;
Hinc et inde mors et luctus.
Sed tu, bone nauta, veni,
Preme ventos mare leni;
Fac abscedant hii pirate,
Duc ad portum salva rate.

V. Une invoçation dans le même genre que la précédente, anonyme et sans rubrique, mais beaucoup plus longue (fol. 117 r°; 84 vers).

Incipit : Infecunda mea ficus,
Cuius ramus, ramus siccus,
Incidetur, incendetur,
Si promulgas quod meretur.
Sed hoc anno dimittatur,
Stercoretur, fodiatur;
Quod si necdum respondebit,
Flens hoc loquor, tunc ardebit.
Vetus hostis in me furit,
Aquis mersat, flammis urit;
Inde languens et afflictus
Tibi soli sum relictus.
Ut hic hostis evanescat,
Ut infirmus convalescat,
Tu virtutem ieiunandi
Des infirmo, des orandi.
. . . .

VI. Deux petites pièces anonymes et sans rubrique, qui semblent avoir été confondues ensemble par le copiste, bien qu'elles soient très distinctes (fol. 117 v°). La première (A) est une satire violente contre les rois, les nobles, le clergé, le peuple et les femmes : elle est en vers léonins. La seconde (B) est une pièce humoristique sur le péché d'Adam, pour lequel il a mérité d'être soumis à la mort lui et tous ses descendants.

La facture du vers est très originale.

A.   Ecce labat mundus, gravat hunc scelerum grave pondus;
Deficit omne bonum, nec habet lex sancta patronum.
Reges et proceres, clerus, populus, mulieres
Noxia cuncta colunt et ab his discedere nolunt.
Dant populis reges nova iura, novas quoque leges,
Census ut ipsorum crescat novitate malorum.
De vitiis procerum quis posset dicere verum?
Cuncta licere putant quando mala nulla refutant.
Errant presbiteri, perit et devotio cleri;
Ad Venerem tendunt, nullumque malum reprehendunt.
Insipiens populus ratione carens quasi mulus,
Nec recipit nec amat quicquid sacra pagina clamat.
Pauper confusus, nec habens quod postulat usus,
Ob sua dampna gemit, quod habebat dives ademit.
Femina, res fragilis, fallax, mala, pessima, vilis,
Dum tacet aut fatur mala cogitat aut operatur.

B.   Morte gravatur homo, sed homo qui morte gravatur
Vivere cum posset, ne vivere posset amavit.
Vulnera plangit homo, sed homo qui vulnera plangit,
Illicitum vulnus mordaci dente peregit.
Poma momordit Adam, sed Adam qui poma momordit,
Pro morsu mortem, pro vulnere vulnera sensit.
Eva fefellit Adam, sed Adam non falleret Eva
Ni decepta foret; serpens deceperat Evam.
Iure moritur homo, sed homo qui iure moritur
Flendo meretur opem, sed opem quam flendo meretur,
Crimina si repetat, repetit quia crimina perdit.

VII. Une petite pièce de trois distiques sur la crainte du Jugement dernier. (Cf. ms. 115, n° XLVI.)

Incipit : Iuditii metuenda dies nescitur et instat. (Fol. 117 v°.)

VIII. Une pièce de 72 vers rimés (fol. 117 v°), anonyme et sans rubrique. Un homme qui a autrefois mené la vie large et facile, revenu des erreurs de ce monde, s'est fait moine. Il s'adresse à ses compagnons de plaisir et veut leur faire comprendre les douceurs de sa profession nouvelle.

> Vos quondam noctis socii mecum gradiendo
> Flebilis aggredior, trans equora longa manendo[1].
> Vos inquam, noctis quos in laqueo vitiorum
> Implicatos quondam cognovi, more reorum,
> Vos inquam, noctis sectatores tenebrarum,
> Spectantes mundum qui vos deludit avarum.
> Sectabar quondam carnalia; sed modo factus
> Ut talis monachus, communes criminor actus.
> Ut talis, dixi, quia vix valeo monachorum
> Scire viam, vel virtutem pietatis eorum.
> Nobilis est generis, michi credite, vis monacalis,
> Aspectu vilis, tamen optima spiritualis.
> Linquite, mortales, cito cultus exteriorum :
> Tunc cognoscetis quis sit sapor interiorum.
> Exterius monachus vilescit in ordine rerum,
> Interius redolet ut dulcis odor specierum.
> Non igitur vos pretereat, dum tempus habetis,
> Tantus honor : numquid mundum transire videtis?
> Quid valet aut valuit rebus durare caducis?
> Omnia transibunt; regnabunt gaudia lucis.
> Si formidatis certamina dura laborum,
> Iam precor, audite nostrum dictamen eorum;
> Ad Xpistum mentes, aures ad verba parate;
> Uni quid dicam vos cunctis notificate.
> Ergo scripturus nostrum mitem cruciatum,
> Alloquor imprimis Ihesum de Virgine natum.
> Hic meus est Dominus, mea lux, mea lex, mea forma;
> Hic est sanctorum iure rectissima norma.

---

[1] Cette pièce ne serait-elle point de Serlon, abbé de l'Aumône, qui d'abord avait été un professeur célèbre, puis se retira à l'abbaye de la Charité-sur-Loire, de là à l'abbaye de l'Aumône, dont il fut abbé (1171-1173)? Quelque temps après son élection, il fit un voyage en Angleterre, où Gérald de Barri fit sa connaissance (cf. Hauréau, *Notices,* etc., t. XXIX, p. 235, 236). Et n'est-ce point pendant son séjour en Angleterre qu'il aurait écrit cette pièce?

Hic patris est splendor, qui cum patre, cum bonitate
30   Omnia iure pari moderans, propria pietate
Motus, sed stabilis, matris descendit in alvum,
Ut populum faceret serpentis crimine salvum.
Hec est quam dixi vivendi forma beata,
Visibus humanis divina lege parata.
Non hominis coitu, sed sancto neumate factus,
Ut nos formaret mortales venit ad actus,
In forma servi servus servilia gessit,
In servi forma Dominus servilia pressit,
In forma servi Petri vestigia lavit,
40   Qui, sicut Dominus, mundana tumentia stravit;
In forma servi paupertatem toleravit,
Qui, sicut Dominus, multorum milia pavit;
In forma servi crucis ad laqueum properavit,
Qui, sicut Dominus, Lazarum de morte·vocavit.
Hic igitur Dominus qui, servus mente benigna,
Vilia multa tulit, convitia, probra, maligna.
Si sapis ergo, pios huius venerans famulatus,
Dilige mente tenens quos sustinuit cruciatus;
Mente revolve pia quam sit dulcis meditatus
50   Per quem diluitur totius pena reatus;
Aspice quid nobis valeat dominans famulatus,
In forma servi simul, et famulans dominatus.
Exemplum nobis patiendi corpore cinctus
Attulit ad penam pro nostro crimine vinctus.
Sed licet hic sit homo, Deus est, cuius deitate
Auxiliamur ut eripiamur ab impietate.
Hic nos pascit homo, recreat ne deficiamus,
Morte sua fecit convivia ne pereamus.
Hic Deus est qui nos illuminat ut videamus,
60   Dirigit, inspirat, docet, instruit ut sapiamus.
Est etiam lignum sub cuius fronde quiescas,
Sed lignum vite, quia vite porrigit escas;
Est liber ut sapias quid prosunt exteriora,
Sed liber est vite quo discunt interiora.
Si labor ergo gravis fuerit, si forte graveris,
Ecce tenes lignum sub quo residendo laveris.

Si tibi contingat quod sensu decipiaris,
Mentis habes fibrum veracius unde loquaris.
Dic michi quid Xpristo melius, quid dulcius illo;
70   Si sensum queris, si lumen habebis in illo,
Si calor est nimius, vel si labor immoderatus,
Ihesum mente voca : mox est relevare paratus.

· IX. Une pièce en vers tantôt rimés, tantôt léonins, anonyme et sans rubrique, que l'on pourrait intituler *De Vanitatibus mundi* (fol. 118 v°); elle se trouve déjà dans le ms. 115, au n° LXV.

Quid decus aut forma, quid gloria divitiarum,
Quid probitas, quid nobilitas, nisi mors animarum?
Unde superbit homo, cum constet quod moriatur?
Nam caro mortalis est; quicquid ei famulatur
Morte perit duplici, quia post obitum cruciatur.
Quid prodest homini si vivat secula centum,
Cum moriens vitam transisse putet quasi ventum?
Quid prodest homini possessio multa gazarum,
Cum moriens cito de medio tollatur earum?
10   Quid prodest homini sua fenore facta crumena,
Si per eam consumat cum sine tempore pena?
Ut quid homo gaudet de mundi prosperitate,
Que nimium brevis est et habetur in anxietate?
Prosperitas mundi cito transit et anichilatur :
Unde satis claret quam nichil esse putatur.
Dic, caro mortalis, dic de putredine vermis,
Dic homo, dic pulvis, quid prodest gloria carnis.
Cur miser insanis, quare putredo superbis?
Disce quid es, quid eris; memor esto quod morieris,
20   In cinerem, vermis, post mortem regredieris.
An casus nescis humane condicionis?
Despice que sequeris, cognosce viam rationis;
Non bene discernis qui prefers yma serenis.
Quippe quid argentum, quid ordo clientum,
Quid celebres fundi, festum breve, gloria mundi?
Nulla fides eius hodie, male cras, ibi peius;
Expedit his uti, sed non preferre saluti.

X. Ici l'écrivain a inséré, sans raison apparente, les deux derniers vers de la déclamation *Gemini languentes,* qui se trouve dans le ms. 1 1 5, n° LIII (fol. 1 1 8 v°).

> Cum te pacificum promiserit os et amicum,
> Debes malle mori quam mens tua dissonet ori.

XI. Une légende en distiques, anonyme et sans rubrique, qui paraît incomplète (fol. 1 1 8 v°); le quatrième pentamètre manque.

> Ad fora fert gallum quedam, querendo metallum,
> Offert burgicolis pro tribus hunc obolis.
> Dum fert vendendum, quidam querebat emendum,
> Et galli gerulam prosequitur vetulam.
> Dum bursam laxat et dum commercia taxat,
> Dumque manu pretium porrigit in medium,
> Gallulus oblatam capit inglutitque monetam.

XII. Une pièce satirique, anonyme et sans rubrique, qui a été publiée par Flacius Illyricus (*Varia poemata de corrupto Ecclesie statu,* p. 349). Je l'ai déjà indiquée au n° LVI du ms. 1 1 5.

Incipit : Cur ultra studeam probus esse, probusque videri?

XIII. Une pièce satirique, anonyme et sans rubrique (fol. 1 1 9 r°), que j'ai reproduite au n° LVII du ms. 1 1 5.

Incipit : Temporibus nostris mutari secula cerno.

XIV. Deux vers satiriques qui doivent faire partie d'une collection de proverbes, et qu'on ne trouve cependant pas dans la série qui forme le numéro suivant (fol. 1 1 9 v°; *ad calcem*).

> O quam sobria mens que Baccho servit et escis !
> O quam larga manus que nummis servit et auro !

XV. Une série de sentences monostiques (fol. 120 r°) disposées par ordre alphabétique, que j'ai décrite au n° LIX du ms. 115.

Incipit : Ardua nulla bonis spe syderee regionis.

XVI. Une pièce satirique, anonyme et sans rubrique (fol. 122 v°); c'est un fragment de celle qui est indiquée au n° XL du ms. 115, sous ce titre : *Quod femina et aurum et honos subvertant mentes hominum.* Le copiste y a ajouté un autre fragment du *De contemptu mundi* de Bernard de Morlas, confondant ainsi son œuvre avec celle d'Hildebert, au mépris des règles de la métrique. (Voir ci-dessus, au numéro indiqué.)

Incipit : Plurima cum soleant mores evertere sacros.

XVII. Une pièce anonyme et sans rubrique (fol. 122, *ad calcem;* 58 quatrains rimés) publiée par M. Wright (*The latin poems commonly attributed to Walter Mapes,* p. 21). M. Hauréau a commenté un assez long passage de ce poème satirique dans les *Mémoires de l'Académie des inscriptions,* t. XXVIII, 2e partie.

Incipit : Sole post arietem taurum obintrante,
Suo rore faciem flore picturante,
Pinu sub florifera nuper populante,
Membra sompno foveram paulo fessus ante.

XVIII. Une petite pièce de huit vers, anonyme et sans rubrique (fol. 124 r°), donnant une explication mystique des différentes *heures* de l'office de l'Église (*Edid. Zingerle, Sitzungsberichte der phil.-hist. Classe der Akademie* [Académie de Vienne], 1867, p. 317).

In matutino dampnatur tempore Xpistus,
Quo matutini cantantur tempore psalmi;
Quando resurrexit primam canit ordo fidelis;
Tertia cum canitur, tunc est cruciamina passus;

Sexta sunt tenebre per mundi climata facte;
Redditus est nona divinus Spiritus hora;
Vespere clauduntur Χρisti sacra membra sepulchro;
Χρisto bissena custodia ponitur hora.

XIX. *Quedam proverbia ex dictis antiquorum.* Ce recueil se trouve déjà au n° LX du ms. 115 (fol. 124 r°).

Incipit : Alba ligustra cadunt, vaccinia nigra leguntur.

XX. Une pièce anonyme et sans rubrique (fol. 125 r°); c'est l'*Epitaphium Bartholomei pueri* qui se trouve dans le ms. 1136 de l'Arsenal, au fol. 56 v°. C'est l'œuvre de Pierre Riga. Elle est ici incomplète; le troisième pentamètre manque; elle n'a donc que neuf vers au lieu de dix.

Incipit : Ille puer quem pura caro, purior ortus,
Quem purissima mens extulit, ecce iacet.

XXI. Un fragment sans rubrique du *De contemptu mundi,* lib. II, de Bernard de Morlas (fol. 125 r°; 77 vers).

Incipit : O mala tempora, cur, quare stercora tot pepererunt,
Tantaque sordida, ne loquar horrida, tanta dederunt?

XXII. Autre fragment de 88 vers, du même poème (fol. 125 v°).

Incipit : Innumerabilis et miserabilis est hodie gens,
Post mala promptior, in mala pronior, ad mala vergens.

XXIII. *Vita sancte Marie Egyptiace.* Ce long poème est d'Hildebert de Tours; il se trouve dans un grand nombre de manuscrits, et a été souvent imprimé, entre autres par Beaugendre (*Hildeberti opera,* col. 1262). Avant le premier vers :

Sicut hyems laurum non urit, nec rogus aurum,

le copiste de notre manuscrit a inscrit les deux suivants :

Incipit hic Pharie conversio sancte Marie
Metrice composita, que recitatur ita.

(fol. 126 v° à 133·v°).

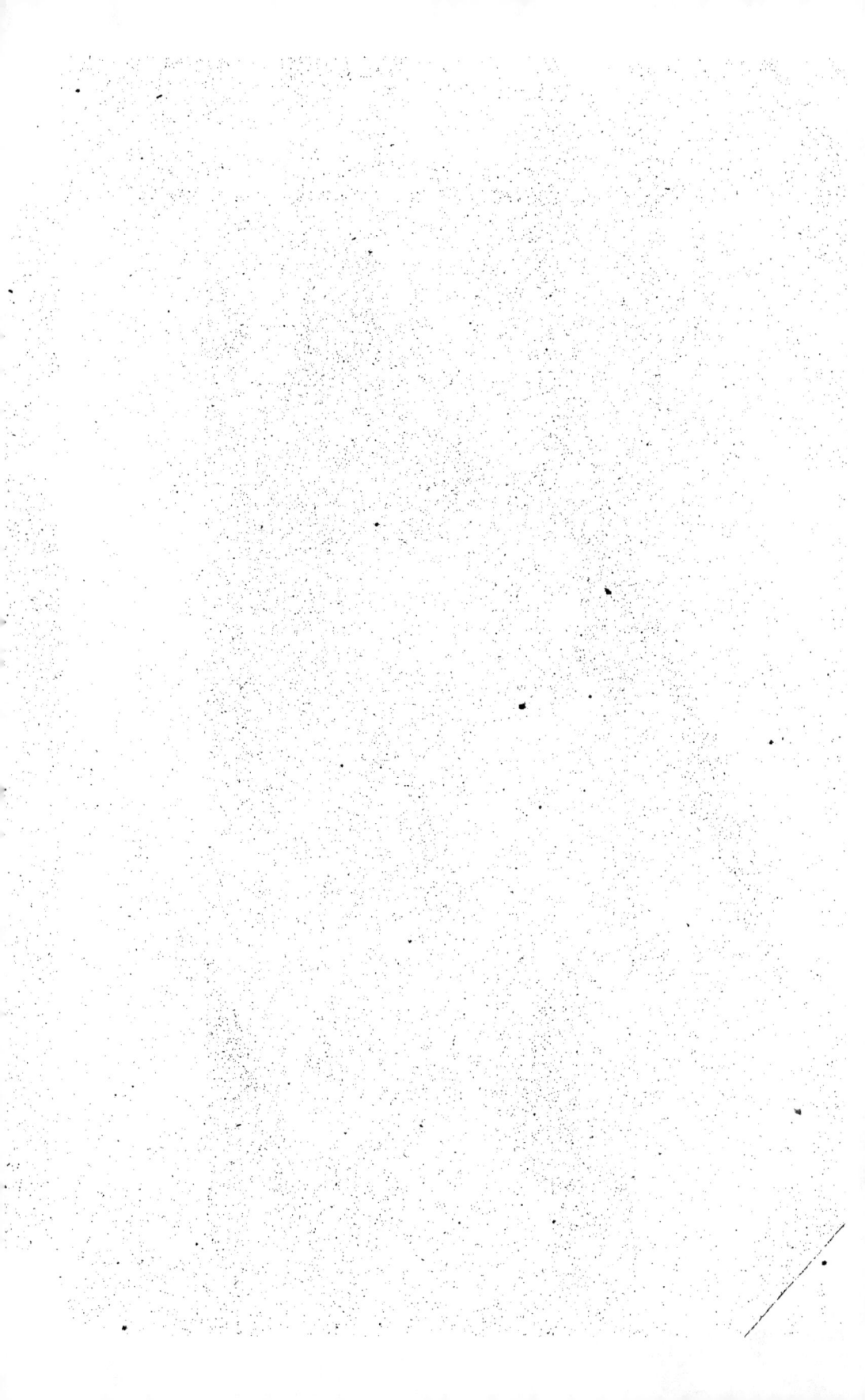

www.ingramcontent.com/pod-product-compliance
Lightning Source LLC
Chambersburg PA
CBHW071457200326
41519CB00019B/5775